KB234228

매뉴얼에서도 볼 수 없는 자동차 이야기 1 - 유지 관리

내 차, 아는 만큼 잘 나간다

원형민

호미

매뉴얼에서도 볼 수 없는 자동차 이야기 1 – 유지 관리

내 차, 아는 만큼 잘 나간다

처음 펴낸 날 | 2003년 5월 6일
아홉 번째 찍은 날 | 2012년 9월 15일

지은이 | 원형민

펴낸곳 | 도서출판 호미
펴낸이 | 홍현숙

편집 | 조인숙, 박지웅

등록 | 1997년 6월 13일 (제1-1454호)

주소 | 서울시 마포구 연남동 239-44번지 1층
편집 | 02-332-5084
영업 | 02-322-1845
팩스 | 02-322-1846
이메일 | homipub@hanmail.net

표지와 본문 디자인 | 끄레 어소시에이츠

ISBN 89-88526-22-8 13550
89-88526-32-5 13550(세트)
값 | 9,500원

ⓒ원형민, 2003

매뉴얼에서도 볼 수 없는 자동차 이야기 1 - 유지 관리

내 차, 아는 만큼 잘 나간다

차례

차를 몰고 다니는 사람에게 가장 중요한 것은 안전이다. 자동차의 얼개와 작동 원리를 아는 사람은 그만큼 안전 운행을 보장받는다. 차는 살 때부터 큰 돈이 들뿐더러 쓰는 동안에도 돈이 드는 물건이다. 차를 좀 알면 살 때 선택을 제대로 할 수 있고, 타면서 유지비도 줄일 수 있다. 한편, 자동차는 그 차를 몰고 다니는 사람의 이미지, 또 다른 얼굴이다. 얼굴을 세우고 다니려면 그래야 하듯이, 차의 유지 관리에도 신경을 써야 마땅하다. 차를 탈없이, 돈 덜 들이며, 본때 있게 타고 다니려면 말이다.

이제 자동차는 사치품이나 특별한 물건이 아니다. 아직도 사치품에만 매기는 특별소비세가 붙지만, 그렇다고 해서 차를 사치품으로 생각하는 사람은 거의 없다. 거리마다 자동차가 줄을 잇고, '마이카 시대'라는 말도 이미 색바랜 지 오래다. 이삼십 대만 해도 운전면허증이 없는 사람이 드물고, 많은 사람이 일상적으로 차를 직접 운전한다. 그러나 여전히 많은 사람이 차에 문제가 생기면 어쩔 줄 몰라하며 난감해한다. 어느 정비업체의 광고 문구처럼 "운전은 한다. 하지만 차는 모른다"라고 당당하게 말할 일이 아닌 것이다.

거의 날마다 차를 운전하는 사람이라면 차에 관해 기본적인 것은 알아야 한다. 더 나아가서 차의 상태를 스스로 진단할 수 있을 정도는 되어야 한다. 그래야만 차에 갑자기 이상이 생겨 시간과 돈을 허비하는 일을 최소화할 수 있으려니와, 탈없이 잘 타서 구입비와 유지비가 상당한 자동차의 경제성을 높일 수도 있기 때문이다. 차에 대해 웬만큼 알면 차에 문제가 생기더라도 겁이 나지 않고, 취약한 부분을 잘 관리해 예기치 않은 문제가 생기는 것도 사전에 막을 수 있다. 물론 차에 이상이 생기면 정비소에 맡기면 된다. 그러나 차를 알아야지만 정비소에 가서도 차의 상태에 대해서 제대로 설명해 줄 수 있고, '바가지'를 쓰거나 하는 일이 없다.

이 책은 차를 직접 모는 일반 운전자들을 위한, 자동차를 평소에 어떻게 관리하고 또 어떤 이상이 있을 때에 어떻게 대처하면 좋은지를 알려 주는 지침서이다. 자동차 사용자로서 알아야 할 것은 거의 망라하여 기계장치의 작동 구조와 원리까지 설명함으로써, 전문서는 아니지만 중급 정도의 운전자에게 요긴한 책으로 만들었다. 말하자면 이 책은 이미 차에 대해서 얼마쯤 알고 있지만, 좀더 많은 것을 정확하게 알고 싶어하는, 차에 대해서 좀더 깊이 있게 이해하고 싶어하는 일반 운전자들을 위한 책이다. 물론 운전 경력이 얼마 안 되는 분들도, 한 번 죽 훑어보면서, 귀에 쏙쏙 들어오고 궁금증을 명쾌하게 풀어 주는 내용만 추려서 익혀 두면 퍽 유용할 것이다.

자동차의 구조에 관해 공부하기 위한 책이라면 대학교용 교재부터 자동차 정비기사 자격증 수험서에 이르기까지 이미 여러 종류가 나와 있다. 하지만 그런 책들은 일정 수준 이상의 공학적 지식을 요구하여 여느 사람은 읽어도 잘 모르는 것이거나, 오직 자격증 시험만을 위한 단편적인 사실 열거에 불과하여 자동차의 어떤 부분이 어떤 기능을 하고, 그것이 고장나면 어떤 문제가 생기는지에 대한 설명이 명쾌하지 않다.

이 책을 쓴 나는 자동차 전문가도 아니요 전공자도 아니다. 차를 운전하는 사람으로서 자연스럽게 관심을 갖게 되어 책을 빌려 보고 사 모으면서, 그리고 인터넷으로 정보를 주고받으면서, 자동차에 관한 지식을 익히고 늘린 것을 마침내 정리하여 책으로 엮었을 뿐이다. 기계공학이나 자동차공학을 연구하는 학생이나 교수, 또는 자동차 회사에 다니는 연구원들이 차에 대해서는 훨씬 더 많이 알고 있을 것이다. 그런데 그런 사람들은 본업만으로도 지겨운지 일반 운전자들을 위한 책은 쓰지 않는다. 구슬이 서 말이라도 꿰어야 보배라고 하듯이, 많이 알고 있어도 다른 사람에게 가르쳐 주지 않으면 소용 없는 일 아닌가.

두 권으로 기획한 책 가운데 「내 차, 아는 만큼 잘 나간다」를 먼저 선보인다. 이 책은 일반 운전자가 알아 두면 실제로 도움이 되는 갖가지 사항에 덧붙여, 자동차 각 기계장치의 역할과 원리까지 알기 쉽게 설명하고 있다. 계기판이 왜 중요한지, 엔진 히터는 어떻게 열을 내는지, 리어 스포일러를 장착하면 어떤 면에서 좋은지 등등에 관해 여러 실전 사례도 곁들여 가며 풀어 보았다. 한 마디로, 조금만 관심을 가지면 훨씬 효율적이고 편안하게 차를 탈 수 있는 이야기들이 여기에 실려 있다.

뒤이어 나올 책에서는 자동차 고장 수리를 다룰 참이다. 시동이 걸리지 않는 다든지 앞유리 워셔액이 나오지 않는다든지 하는, 흔히 일어나는 이상 증상의 원인을 설명하는 책이 될 것이다. 여기에서는 아울러 그 고장이 얼마나 심각한 것인지, 수리하려면 돈이 얼마쯤 드는지도 이야기하려고 한다. 또 부록을 곁들여서, 사람을 당황하게 만드는 급작스러운 고장에 대한 응급 처치 방법도 일러 줄 것이다. 이를테면, 갑자기 시동키가 안 돌아간다든지 엔진이 과열되었다든지 하는 경우에 그 난관을 빠져 나오는 방법들을 소개할 생각이다.

이 책이 나오기까지에는 여러 사람의 힘이 보태졌다. 우선, 내가 따로 공부한 내용말고도, 피시통신 하이텔의 자동차 게시판을 시작으로 자동차 동호회 "달구지"에서 7년 넘게 활동하면서 알게 된 갖가지 고장 사례와 그 해결 방법들— 차를 처음 몰고 나온 운전자가 올린 질문에서부터 수준 높은 튜닝 과정 중에 발생한 문제점에 이르기까지 다양한 종류의 질문과 답변들— 가운데에서 필요한 것들만 골라서 책의 체계에 맞게 녹여 넣었으니 말이다. 덕분에 책의 내용이 한결 알차게 되었다.

이 책을 쓸 때 미완성 초고를 읽고 의견을 개진해 준 황규범(hkbemi) 님과 윤승윤(proracer) 님께 감사드린다. 혼자 쓴 것이라기보다 셋의 머리를 모아 쓴 셈이라 덜 편협한 시각으로 자동차를 바라볼 수 있었다. 거친 글을 꼼꼼하게 다듬어서 쉽고 편하게 읽힐 수 있도록 해 준 김종민 선생님께도 감사드린다.

무엇보다 도서출판 호미에 감사를 드린다. 호미에 대한 감사가 남다를 수밖에 없는 까닭은, 인터넷에서 이 글을 발견하고서 제대로 된 글과 책으로 만들어 주었기 때문이다.

이 책이 많은 사람에게 도움이 되면 좋겠다.

2003년 4월의 어느 날
원형민

내 차, 아는 만큼 잘 나간다

1

각종 장치의 사용법

열쇠는 어떻게 돌려서 엔진 시동을 거는지, 파워 윈도 스위치는 어디에 있는지 등과 같은 자동차 사용 방법은, 차를 사면 주는 사용설명서에 그림과 함께 친절하게 소개되어 있다. 하지만 차를 타다 보면 각각의 계기가 무슨 의미를 가지는지, 자동변속기 레버는 어떻게 조작해야 변속기를 손상시키지 않으면서 편리하게 운전할 수 있는지 따위가 궁금해진다. 이 난은 그런 의문점을 풀어 준다. 물론 이런 것을 몰라도 운전하는 데에 큰 지장은 없겠지만 조금이라도 알면 차를 좀더 오랫동안 탈없이 잘 탈 수 있다.

01 | 계기판
움직이는 바늘이 표시하는 이상의 내용을 담고 있다

속도계, 수온계,
연료계가
갖추어진 계기판.

　어떤 차종이든 계기판에는 속도계, 수온계, 연료계가 기본적으로 갖춰져 있다. 요즘은 엔진 회전수계(타코미터)도 거의 다 달려 있다. 예전에는 계기판에 속도계만큼 커다란 아날로그 시계가 자리잡고 있었다. 1980년대 초 중학생일 때에 손목시계가 없어서, 시간을 알고 싶으면 길가에 세워진 차의 유리창 너머로 계기판을 들여다보곤 하던 기억이 난다.

　계기판에는 속도계처럼 용도가 분명한 계기가 있는가 하면, 수온계처럼 '왜 달아 놓았을까?' 하고 궁금한 생각을 불러일으키는 계기도 있다.

수온계

　수온계는 엔진 냉각수의 온도를 나타낸다. 자동차가 웜업(warm-up)이 되기 전에는 바늘이 바닥에 붙어 있고, 엔진의 정상 작동 온도인 85℃에 이르면 중간쯤에 오는데, 차종에 따라 바늘 위치가 절반보다 약간 높을 수도 있고 낮을 수도 있다.

　엔진 냉각수는 상황에 따라 순환 양이 조절되며 자동적으로 온도가 유지되기 때문에 수온계 바늘은 운행 내내 거의 변하는 일이 없다. 예전에는 엔진 냉각 장치의 용량이

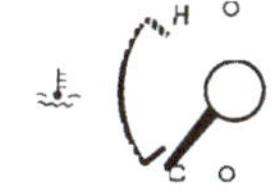

계기판에 있는
수온계는 정확한
온도 계측 장치는
아니다.

작아서 오르막을 좀 빠르게 올라가거나, 주행 속도가 매우 느린 시내에서 에어컨을 켜면 냉각수의 온도가 치솟는 경우가 있었는데, 요즘은 엔진이 고장나지 않는 한 냉각수의 과열 현상은 거의 일어나지 않는다.

수온계가 도움이 되는 경우는, 엔진에 이상이 발생해서 냉각수의 자동 온도 조절 기능이 지장을 받는 것을 알아챌 때뿐이다. 엔진을 정상보다 낮은 온도에서 오래 사용하면 윤활유의 수명이 단축되고, 정상보다 높은 온도에서 사용하면 엔진의 기계적인 구조에 고장이 생긴다.

연료계와 경고등

연료계는 연료의 소모량과 바늘의 움직임이 정확하게 비례하지는 않는다. 중간 부분에서는 연료 소모율에 비해 눈금이 민감하게 반응한다. 연료경고등은 남은 연료량이 10% 밑으로 떨어지면 점등된다.

연료계는 연료탱크에 뜨개를 띄워서 그 높이 변화로 연료량을 측정한다. 센서, 곧, 감지기는 연료탱크 안에 장착되고 연료계와는 전선으로 연결되어 있다. 연료계는 시동을 꺼도 바늘이 맨 밑으로 내려가지 않고 위치를 유지한다. 시동을 끄면 연료가 소모되지 않아 연료량이 유지되기 때문에 연료계 바늘이 제 위치를 고수하는 것은 합리적이다. 수온계가 시동을 끄면 서서히 내려가는 것과 대조적이다.

연료계는 주행중에 탱크 안의 연료가 출렁거릴 때마다 바늘이 흔들리는 일이 없도록 일부러 바늘 움직임을 둔하게 해 두었다. 그래서 주유소에서 연료를 채워도 2~3분쯤 있어야 바늘이 서서히 제 위치로 올라온다.

대부분의 자동차에는 연료계와 함께 연료경고등도 장착되어 있다. 연료경고등 센서도 연료탱크 안에 연료계 센서와 함께 장착되어 있는데, 평상시에는 연료 속에 잠겨 있다가 유면油面이 내려가면 공기 중에 노출된다. 그렇게 센서—온도에 따라 전기저항이 변하게 되어 있다—가 공기 중에 노출되면 온도가 올라가면서 그에 따라 더 많은 전류가 흐르게 되어 센서와 연결된 경고등이 밝게 점등한다. 사실은 평소에도 아주 흐리게 불이 들어와 있지만, 느낄 수 없다. 센서가 공기 중에 노출된 뒤에도 스스로 따뜻해지기까지는 10초쯤 걸리며 연료경고등은 서서히 밝아진다. 이런 방식의 복잡한 센서 외에 연료계 뜨개가 일정량 이하로 내려가면 곧바로 작동하는 단순 명료한 스위치식 센서를 사용한 차도 있다.

연료계 센서와 연료경고등 센서는 연료 흡입구와 함께 보통 연료탱크의 뒤쪽에 있다. 연료 흡입구가 탱크 뒤쪽에 있으면, 연료가 거의 떨어지더라도 오르막을 오를 때 엔진에 연료가 공급되기 때문에, 다시 말해 연료가 뒤쪽으로 모이기 때문에, 오르막길에서만큼은 연료가 떨어진 차를 땀 흘리며 미는 수고를 덜 수 있다. 반대로 내리막길일 때는 연료 흡입구가 공중에 노출되어 엔진 시동이 꺼지는데, 이 경우에는 브레이크만 잘 조절하면 차를 움직일 수 있다.

참고로, 연료계 센서가 연료탱크 뒤쪽에 있기 때문에 차가 언덕을 올라갈 때는 연료가 뒤로 몰려서 연료계 바늘이 실제보다 높게, 내려갈 때는 거꾸로 실제보다 적게 가리킨다.

유압경고등과 유압계

유압경고등은 엔진 내부를 순환하는 엔진오일의 압력이 위험할 만큼 떨어지면 들어온다. 유압경고등은 알라딘의 램프처럼 생겼는데, 정비소에서 오일을 담는 주전자를 형상화한 것이다.

엔진오일을 공급하는 압력이 떨어지면 윤활 오일이 충분하게 공급되지 못하므로 엔진 동작에 치명적이다. 시동이 걸려 있는데도 유압경고등이 계속 켜져 있으면 당장 엔진을 끄고 원인을 찾아야 한다. 그럴 때에는 엔진오일이 바닥나 있는 경우가 많다.

유압경고등은 압력만 감시할 뿐, 엔진 안에 있는 오일 양은 감지하지 않는다. 그래서 오일이 정말 바닥나서 엔진 안으로 보낼 오일조차 흡입하지 못할 지경이 되어서야 경고등이 켜진다. 고급 차에는 연료경고등처럼 엔진 안의 오일 양을 감시하는 장치를 부착하기도 한다.

가끔 차를 급하게 멈추거나 코너를 돌면 1초쯤 유압경고등이 들어오기도 한다. 이것은 엔진 밑에 있는 엔진오일이 관성에 의해 한쪽으로 쏠리면서 반대편에 있는 엔진오일 흡입구가 공기 중에 드러나기 때문이다. 오일을 빨아들여야 할 흡입구가 공기 중에 드러나면 공기만 빨아들이므로 엔진오일 공급이 일시적으로 중단되어 압력이 급히 떨어진다. 이때 유압경고등이 들어온다.

이런 상황이 자주 벌어지면 엔진의 수명이 단축된다. 엔진오일이 매우 부족할 때에만 일어나므로, 급제동할 때에 잠깐 유압경고등이 들어오면 엔진오일 양을 점검해 보는 것이 좋다.

유압경고등은 시동을 걸기 전에, 시동키를 ON으로 놓으면 켜진다. 이는 경고등 전기회로는 작동하지만 엔진이 회전하지 않으므로 엔진에 물려 돌아가는 오일펌프도 작동하지 않고, 유압이 전혀 발생하지 않기 때문이다. 유압이 '설정치 이하'로 낮기 때문에 경고등 회로가 작동하여 유압경고등은 켜진 채로 있다. 이때는 경고등이 들어와도 엔진에 오일이 필요한 상황이 아니므로(회전하지 않으니까) 엔진에 아무런 무리가 없다. 시동을 걸고, 엔진이 회전하여 유압이 올라가면 경고등은 곧바로 꺼진다.

정상적인 차라면 주행중에 유압경고등이 들어오는 일은 없다. 그래서 만일 불량 등에 의해서 경고등 전구가 끊어졌다고 해도 전구가 끊어져서 불이 안 들어오는 것인지, 유압이 정상이기 때문에 안 들어오는 것인지 분간할 수 없다. 따라서 시동을 걸기 전에 유압경고등이 들어오는 것은 경고등의 전구가 끊어졌는지 확인할 수 있는 좋은 기회이다. 정상적인 차는 시동을 걸기 전에 유압경고등이 들어와야 하는데, 먹통이라면 전구가 끊어진 것이다. 유압경고등 전구가 끊어진 채 주행하는 것은 위험한 일이다. 만일 오일 공급이 끊긴 것을 모르고 엔진을 계속 가동시키면 엔진은 삽시간에 마모된다.

여느 차는 유압경고등만 있지만 고급 차나 고성능 차에 있는 유압계는 엔진오일의 압력을 바늘의 움직임으로 나타낸다. 유압경고등이 단순히 압력이 부족할 때만 작동하는 반면, 유압계는 압력의 높낮이를 나타낸다.

엔진오일의 압력은 엔진 rpm이 올라가면 이에 따라서 높아진다. rpm이 올라가는데도 압력계 바늘이 비례해서 올라가지 않는 것은 점도가 너무 낮은 오일을 사용했거나 엔진이 많이 마모되어서 오일이 엔진의 윤활부에서 쉽게 배출되기 때문이다. 엔진 온도가 낮을 때는 높지 않은 rpm에서도 유압이 크게 증가하는데, 이는 오일은 온도가 내려가면 점도가 높아지는 성질이 있기 때문이다. 고성능 스포츠카에서는 유압계를 보고 지금 오일이 적정 온도에서 사용되는지, 과열되어서 점도가 너무 낮아졌는지 가늠할 수 있다.

충전경고등과 전압계

충전경고등을 보면 사각형 배터리 모양 위에 작게 +, −가 그려져 있다. 엔진룸에 들어 있는 배터리를 형상화한 것이다. 충전경고등은 발전기의 발전 전압이 설정치 이하로 떨어지면 켜진다. 배터리를 충전하기 위해서는 발전기가 14V 이상의 전압을 내야 하는데, 발전기를 돌려 주는 팬벨트의 이상으로 발전량이 부족하면 전압이 낮아지고 경고등이 켜진다.

발전기 고장의 많은 부분을 차지하는 과충전과 발전기 내부 회로 고장은 충전경고등이 알려 주지 못한다.

그런데, 정작 발전기 고장의 많은 부분을 차지하는 과충전과 발전기 내부 회로 고장은 충전경고등이 알려 주지 못한다. 과충전은 발전기의 발전 전압을 표시해 주는 전압계가 계기판에 있으면 쉽게 확인할 수 있다. 하지만 과충전 현상은 매우 적어서 전압계는 효용성이 그리 많지 않다.

발전기는 안에 전압조정 회로가 있으므로 전기를 많이 쓰나 적게 쓰나 거의 일정한 전압(14.4V 정도)으로 발전

경고등에 관한 몇 가지 상식

"유압경고등과 유압계"에서 설명한 방식으로 유압경고등과 충전경고등의 경고등 전구 상태를 확인할 수 있다. 그리고 엔진 제어 컴퓨터, ABS, SRS 에어백 등의 장치는 전원이 공급되면 짧은 시간에 컴퓨터와 부속 회로를 자가 진단하여 '이상이 없으면' 각종 장치에 해당하는 계기판상의 램프(체크 엔진, ABS, SRS 에어백)를 몇 초간 점등시킨 뒤에 끈다. 이때 램프가 들어오지 않으면 전구가 끊어졌거나, 제어 컴퓨터에 이상이 발생한 것이므로 수리해야 한다. 장치에 정말 문제가 생겼을 때는 자가 진단 뒤에 경고등이 꺼지지 않거나 주행중에 경고등이 들어온다.

또 경고등은 색깔에 따라가 그 의미가 다르다. 계기판에는 세 가지 색의 경고등이 있다. 적색과 황색 그리고 나머지 색(녹색 또는 청색)이다. 적색은 당장 차를 세우고 해결해야 할 문제가 생겼음을 뜻한다. 엔진오일 압력 저하, 충전 불량, 브레이크액 부족 따위가 적색 경고등이다. 황색은 당장 차가 고장난 것은 아니지만 계속 지켜봐야 함을 뜻한다. 연료 부족, 전자제어 엔진 센서 이상(체크엔진경고등), 자동변속기 오버드라이브(overdrive) 작동 등을 나타낸다. 녹색 또는 청색 경고등은 그냥 '이런 기능이 작동중' 임을 알려 준다. 상향등 표시, 안개등 표시, 방향지시등 따위가 있다.

하기 때문에 전압계 또한 늘 거의 같은 위치에 머물러 있어서 운전자의 주의를 끌지 못한다. 그래서 전압계는 문제가 발생해서 차가 이상해지면 그때서야 알려 주는 정도에 불과하다.

브레이크 경고등

브레이크 경고등은 돌아가는 원통 양쪽을 브레이크 슈(brake shoe)가 잡고 있는 모양이다. 원통 속에는 느낌표(!)나 주차브레이크(parking brake)를 상징하는 P자가 들어 있다. 또는 영어로 BRAKE라고 써 놓은 차도 있다.

브레이크 경고등은 주차브레이크가 작동된 상태에서 들어오는데, 더 중요한 기능은 브레이크액이 부족한 것을 알려 주는 것이다.

엔진룸에 있는 브레이크액 저장통에는 뜨개가 들어 있다. 브레이크액이 부족하면 이 뜨개가 내려가며 센서를 작동시켜 계기판의 브레이크 경고등에 불이 들어온다. 브레이크액이 부족하다고 해서 무턱대고 브레이크액을 한 통 사다가 부어서는 안 된다. 브레이크 패드를 오래 사용해서 닳으면 브레이크액이 밑으로 몰리는 바람에 엔진룸에 있는 브레이크액 저장통이 비게 되어서 경고등이 작동하는 경우가 많기 때문이다. 그럴 경우에는 브레이크 패드를 새 것으로 교환하면 밑에 몰려 있던 브레이크액이 저장통으로 돌아오면서 원래의 높이로 되돌아온다. 이것을 모르고 늘 브레이크액 저장통의 최대 눈금에 이르도록 브레이크액을 보충하다 보면 나중에 패드를 교환할 때 오히려 브레이크액이 통에서 넘쳐흐르는 일이 일어난다.

결국 계기판의 브레이크 경고등은 브레이크액이 부족한 것을 알려 주기도 하지만, 그보다는 "패드가 많이 닳았으니 한번 점검해 보십시오"라는 뜻으로 받아들여야 할 때가 더 많다. 물론, 브레이크 계통에 새는 곳이 있어서 브레이크액이 손실되어서 경고등이 들어오는 경우도 있다. 하

브레이크 경고등은 브레이크액이 부족한 것을 알려 주기도 하지만, 그보다는 "패드가 많이 닳았으니 한번 점검해 보십시오"라는 뜻일 때가 더 많다.

지만 브레이크 계통에 새는 곳이 있으면 브레이크 페달을 밟을 때 저항 없이 한참 푹 들어가기 때문에 경고등을 보지 않고도 뭔가 잘못됐다는 것을 직감할 수 있다. 다행히, 브레이크는 독립된 두 개의 계통으로 이루어져서 한 계통에 누설이 있어도 온전한 다른 계통이 작동하기 때문에, 비록 제동 거리가 두 배로 늘어나기는 하지만, 차를 세울 수 있다.

02 | 주차브레이크
주행중에 갑자기 당기면 차가 확 돌아서 위험하다

주차브레이크는 주로 운전석 옆에 달린 막대 모양의 레버를 당겨 올려 작동하는 방식이다. 차가 무거워서 주차브레이크도 큰 힘으로 작동시켜야 하는 대형 승용차는 왼발 쪽에 작은 페달이 있어서 발로 주차브레이크를 작동한다. 구식 자동차 중에는 스티어링 휠 왼쪽에 T자 모양의 손잡이가 있어서 손으로 잡아당기는 방식도 있다. 주차브레이크를 풀 때는 당겨 올리는 레버 방식에서는 레버를 살짝 당기면서 끝의 단추를 누르면 레버를 내릴 수 있고, 발로 밟는 방식은 페달 위에 따로 당기는 손잡이가 있어서 이것을 당기면 페달이 본래의 자리로 돌아온다. 구식 T자 손잡이 방식은 손잡이를 90도 돌리면 걸쇠가 풀려서 제자리로 돌아온다. 미국 스포츠카 중에는 특이하게도 주차브레이크가 운전석 오른쪽이 아니라 왼쪽, 즉 문과 운전석 사이에 있는 차도 있다.

많은 사람이 주차브레이크를 작동할 때 레버를 신경질적으로 콱 잡아 올리는데, 이는 작동 장치에 불필요한 힘을 주어서 수명을 짧게 한다. 힘을 주되 천천히 당겨 올리는 것이 좋다. 주차브레이크를 작동시킬 때 주 브레이크를 밟은 채 작동하면 주차브레이크 장치에 걸리는 힘이 줄어들어서 손쉽다.

주차브레이크를 비상용 브레이크로 잘못 알고 있는 운전자가 많다. 60km/h쯤으로 주행하다가 주 브레이크가 말을 잘 듣지 않는다고 주차브레이크를 잡아당겨 차를 멈추려고 하면, 뒷바퀴는 회전을 딱 멈추고 질질 끌려가지만 차는 거의 속도가 줄지 않은 채 아무 일 없다는 듯이 계속 나아간다. 그것은 멈출 때에는 앞바퀴에 무게가 쏠리고, 뒷바퀴는 거의 아무런 일도 하지 않기 때문이다.

특히 모퉁이를 조금이라도 돌고 있을 때 주차브레이크를

'스티어링 휠'은 운전대를 말한다. 흔히 말하는 '핸들'은 틀린 영어이다. 핸들이라고 하면 문 닫을 때 잡는 손잡이를 뜻한다.

주차브레이크를 작동할 때 레버를 너무 급하게 잡아 올리면 수명이 짧아지므로 조심해야 한다.

비상용 브레이크로 사용하면 더욱 위험하다. 뒷바퀴가 회전을 딱 멈추면서 차 뒤쪽이 원심력에 의해 갑자기 커브 바깥쪽으로 급격히 밀려난다. 그러면서 차가 빙그르르 돌아간다. 스턴트맨들은 이 현상을 잘 활용하여 좁은 공간에서 차 방향을 빙글 돌려서 경찰의 추격을 따돌리는 스핀 턴을 연출하기도 한다. 하지만 연습이 부족한 사람이 시도하면 차가 서너 바퀴 돌다가 가로수를 들이받거나 하기 쉽다.

주차브레이크는 속력이 충분히 줄어서 10km/h 이하로 떨어지면 최종적으로 차를 고정시키는 데만 사용해야 한다.

예전에 누군가 PC 통신의 게시판에 "엔진브레이크를 작동시키는 스위치가 어디에 있죠? 설명서를 아무리 봐도 모르겠는데요?"라고 물어 온 적이 있다. 초보 운전자라고 했다. 엔진브레이크는 엔진을 변속기에 연결한 상태(클러치를 밟지 않고 변속기가 물려 있는 상태)에서 액셀러레이터 페달을 밟지 않으면, 엔진이 회전하는 데 저항이 생겨 그 저항에 의해 차의 속력을 줄이는 방법이다. 자동변속기의 경우는 주행중에 액셀러레이터 페달에서 발을 떼면 그냥 엔진브레이크가 걸리는데, 수동변속기에 견주어 그 강도가 매우 약하다. 엔진브레이크의 강도를 높이려면 변속기를 저단에 놓는다. 그러면 같은 속력에서 엔진이 더 고회전으로 돌아가므로 엔진브레이크의 효과가 강하다. 그렇다고 60km/h로 주행하다가 변속기를 갑자기 1단으로 바꾸면 절대로 안 된다. 이럴 때 엔진이 몇천 rpm으로 돌아갈까? 8,000rpm쯤이라면 엔진은 회복이 불가능할 만큼 기계적인 손상을 입는다. 자동변속기도 마찬가지여서 고속으로 주행하다가 L(또는 1)로 레버를 내리면 변속기나 엔진 가운데 하나는 망가지고 만다. 전자제어식 자동변속기는 자기 보호 기능이 있어서 고속에서 레버가 L로 내려가도 명령을 무시하고 안전한 최저 단수까지만 내려가긴 하지만, 자신의 차에 이런 기능이 있는지 없는지를 시험해 보는 것 자체가 모험이다.

03   **자동변속기**
정차할 때 번번이 변속기를 중립에 놓지 않아도 된다

자동변속기를 쓰는 사람은 굳이 언제 어떤 상황에서 레버를 2나 L로 내려야 하는지 골치 아프게 외울 필요가 없다. 전진은 D, 후진은 R이라는 것만 알고 있으면 충분하다. 그런데 선택레버를 조작하거나 변속모드 변경 스위치를 조작하는 수고를 들이더라도 성능이 좀더 나은 것을 좋아하는 사람도 있다. 이처럼 취향이 서로 다른 고객을 위해 자동변속기도 거의 수동변속기만큼 조작이 복잡한 제품도 있고, 아주 간단한 조작으로 끝나는 편리한 것도 있다.

선택레버

레버에는 통일된 규격에 따라 P-R-N-D의 순서로 위치가 정해져 있다. 미국에서 자동변속기가 처음 나왔을 때 스티어링 휠에 부착된 버튼으로 조정하는 방식을 비롯하여 선택 장치가 갖가지여서 불편이 많았다. 그래서 아예 법으로 레버의 순서를 정하였다. D 밑으로 2와 L을 추가한 차종도 있지만 요즘은 3, 2, 1로 3개를 추가하는 것이 보통이다. 1은 쓸 수 있는 속력 범위가 좁기 때문에 별로 필요 없어서 3과 2만 두는 차도 있다.

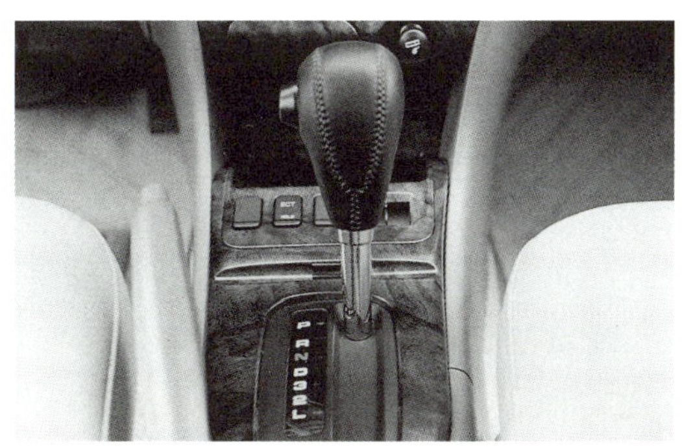

레버에는 통일된 규격에 따라 P-R-N-D의 순서로 위치가 정해져 있다.

P 위치는 주차(Park)를 뜻한다. 변속기 내부의 톱니바퀴를 기계적으로 고정시켜서 엔진이 가동되는 상태에서 운전자가 자리를 비웠을 때에 변속기 내부의 유압 제어가 누설되거나 해서 잘못 동작해도 차가 움직이는 일이 없다.

자동차 사용설명서를 보면, 자동변속기 차를 견인할 때는 반드시 구동바퀴(특히 후륜구동 차는 뒷바퀴)를 들고 견인하라고 되어 있다. 구동바퀴 쪽을 들 수 없는 상황에서는 변속기와 추진축의 연결을 풀어서 바퀴가 굴러도 변속기가 회전하지 않도록 하라고 되어 있다. 시동을 끈 상태에서는 자동변속기 내부에서 윤활 작용이 전혀 이뤄지지 않기 때문이다. 윤활을 담당하는 오일펌프는 엔진이 회전하면 따라서 회전하는데, 시동을 끄면 오일 공급이 끊긴다. 변속기 안의 톱니바퀴와 클러치가 오일로 윤활되지 않는 상태에서 차를 견인하면, 변속기가 회전되면서 각 톱니바퀴에서 금세 마찰열이 엄청나게 생기게 되어 클러치가 타서 붙어 버리고 톱니가 급속히 닳는다. 견인할 때 구동바퀴를 들 수도 없고 추진축을 분해할 수도 없을 때는, 저속으로 견인해서 변속기 안의 마찰열을 최소화해야 한다. 그나마도 짧은 거리만 견인해야 피해를 줄일 수 있다.

수동변속기는 견인될 때도 변속기의 톱니바퀴가 회전하면서 스스로 오일을 뿌리며 윤활되므로 이런 걱정이 없다. 자동변속기 차량을 견인할 때 이런 윤활 문제를 해결하려면, 변속기 레버를 N에 놓고 엔진 시동을 건 채로 견인하면 변속기의 윤활 기능이 작동하므로 문제가 없다. 하지만 엔진 시동을 걸 수 있는 상황이면 굳이 견인할 필요도 없을 것이다.

R 위치는 후진(Reverse)을 뜻하며 후진할 때 사용한다. 만일 고속으로 달리다가 실수로 선택레버를 R 위치에 놓으면 차가 튕겨지듯 후진할까? 실제로 그런 일은 없다. 고

속 주행중에 실수로 선택레버를 R 위치에 놓으면, 저절로 제어 유압이 차단되도록 고안되어 있어서 변속기는 공회전을 한다. 그래서 속력이 충분히 떨어진 뒤에 유압이 복원되고 그때서야 후진한다.

N 위치는 중립(Neutral)이다. P와 똑같은 기능(엔진이 회전해도 차에 동력이 연결되지 않음)을 왜 하나 더 만들었을까 싶지만, N이 P와 구별되는 결정적인 차이는 변속기가 기계적으로 고정되지 않는다는 것이다. 내리막길에서 중력에 의해 굴러 내려가는 것도 가능하고, 주차장에서 다른 차를 막고 주차한 차를 밀어서 움직일 수도 있다. 사실 자동변속기는 시동을 끄면 R이나 D, 2, L에서도 모두 차를 밀어서 움직일 수 있다. 시동을 끄면 변속기의 제어 유압이 사라지므로 내부의 모든 클러치가 풀려서 N과 똑같은 상태가 되기 때문이다.

D 위치는 주행(Drive)이다. 전진 상태에서 자동변속기의 모든 단수(보통 4단, 고급 차는 5단)를 이용해서 자동으로 변속된다. 예전에는 3단 자동변속기가 상식이었지만, 1985년에 현대 소나타(스텔라 차체를 개조한 소나타)가 4단 자동변속기를 단 뒤로 4단 모델이 급속히 보급되었고, 요즘은 고급 차종에는 5단 자동변속기를 다는 추세이다. 변속 단수가 많을수록 엔진의 동력을 효율적인 회전수 범위에서 끌어 낼 수 있으므로 연비와 출력에서 유리하지만, 변속기 자체 무게 때문에 차가 무거워지고 자동차 값도 올라간다. 그런 까닭에 국민차나 염가형 자동차에는 덜 무겁고 값도 싼 3단 자동변속기가 주로 사용된다. 하지만 3단 자동변속기는 나날이 인기가 떨어질 수밖에 없다. 고작 100km/h 주행에서 3,400rpm이나 나오므로, 운전하기가 상당히 불편할뿐더러 연비도 형편 없이 나쁘기 때문이다.

자동변속기 차를 정차할 때 변속레버를 N에 놓았다가 출발할 때 다시 D로 옮기는 것이 좋은지, 아니면 그냥 D

사실 자동변속기는 시동을 끄면 R이나 D, 2, L에서도 모두 차를 밀어서 움직일 수 있다. 시동을 끄면 변속기의 제어 유압이 사라지므로 내부의 모든 클러치가 풀려서 N과 똑같은 상태가 된다.

에 둔 채로 브레이크를 밟아서 대기하는 것이 좋은지에 대해서는 말이 많으나, 아직 정설은 없다. 경험에 따르면 신호 대기 때마다 자주 N으로 바꾸는 스타일의 차는 오래 사용하면 정차할 때에 D에서 엔진 진동이 심해진다. 그런 현상이 왜 일어나는지는 확실하지 않다. 나는 D로 유지하고 대기하는 것을 선호한다. 물론 명절 귀향길에서처럼 20분 이상 한자리에서 꼼짝하지 못하는 경우는 다리가 피곤해지는 것을 막기 위해 N으로 놓고 브레이크에서 발을 뗀다.

앞에서 말했듯이, 선택레버에는 D 밑으로도 3, 2, L(1) 등이 더 있다. 이것은 자동으로 변속되는 변속 단수의 상한선을 수동으로 정할 수 있게 해 준다. 예를 들어 선택레버를 2에 놓으면 자동변속기는 1단과 2단만 가지고 자동으로 변속한다. 속력이 더 높아져도 3단으로 올라가지 않는다. 이것은 변속기가 높은 단을 사용하지 못하게 함으로써 저단에서 나오는 강력한 엔진브레이크 효과를 얻기 위한 것이다.

선택레버를 D에 둔 채로 액셀러레이터 페달에서 발을 떼면 변속기가 자꾸 4단으로 올라가려고 하기 때문에 엔진브레이크 효과가 약하다. 따라서 선택레버를 더 낮출수록 낮은 단수만 사용하게 되므로 더 강한 엔진브레이크 효과를 얻을 수 있다. 하지만 같은 속력으로 주행할 때 낮은 변속 단수에서는 엔진 rpm이 높아지므로, 속력에 맞춰 선택레버를 내리지 않으면 엔진이 속력에 비해 높은 rpm을 내는 일이 생긴다. 이것은 연비와 소음 면에서 불리하다.

또 선택레버를 3이나 2에 고정시키면, 급한 오르막을 오르거나 굴곡이 심한 산길을 빠르게 달릴 때에 잠시 액셀러레이터 페달에서 발을 뗄 때는 순간 곧바로 윗단으로 올라가는 현상을 방지할 수 있다. 레버 조작으로 윗단 사용을 억제하지 않은 상태에서 위와 같은 현상이 일어났을 때에 다시 액셀러레이터 페달을 밟으면, 아랫단으로 다시 변속되면서 심한 충격이 일어나기 때문에 승차감을 떨어뜨리고, 변속을 위해 시간이 필요하므로 핸들링에 불리하다. 요즘은 TCU(변속기 제어 컴퓨터) 프로그램을 개선해서 위와 같은 경우 굳이 선택레버를 내리지 않아도 잠깐 액셀러레이터 페달에서 발을 뗐을 때 윗단으로 올라가는 일이 없도록 하고 있다.

자동변속기 선택레버 순서가 D-2-L로 되어 있으면 D 위치에서 3단까지 사용할 수 있는 3단짜리 자동변속기라고 생각할 수도 있는데, 이 경우 다음에 설명할 오버드라이브 스위치가 근처 어딘가 설치되어 있는지에 따라 진짜 3단 자동변속기인지, 오버드라이브 버튼으로 조작되는 4단 자동변속기인지 알 수 있다. 특이한 경우로 기아자동차는 선택레버에 설치된 홀드 버튼을 이용해서 3단을 불러낼 수 있도록 만들었다.

출발할 때에 좀더 가속력을 얻기 위해서 선택레버를 L에 놓고 차츰 속력이 붙을수록 2를 거쳐 D로 올리는 사람이 있는데, 이러는 것은 불필요한 일이다. 자동변속기는 액셀러레이터를 최대한 밟을 때 최적의 rpm에서 윗단으로 변속되도록 설계되어 있다. 수동으로 레버를 올리는 방법은 오히려 변속점을 최적 rpm보다 높은 곳으로 올려서 엔진의 마력수가 정점에서 떨어진 뒤에야 윗단으로 변속하도록 만든다. 변속은 너무 빨리 해도 가속력이 잘 나지 않지만, 너무 늦게 해도 최고의 가속력을 얻지 못한다.

선택 스위치

1980년대 초반까지만 해도 자동변속기에는 선택레버뿐이었는데, 그 뒤로 4단 자동변속기가 나오면서 오버드라이브, 파워/노멀, 홀드를 선택하는 각 스위치들이 자동변속기 조종 장치로 추가되었다. 요즘은 모든 기능을 자동적으로 해결하기 때문에 다시 없어지는 추세다.

수동으로 레버를 올리는 방법은 변속점을 최적 rpm보다 높은 곳으로 올려서 엔진의 마력수가 정점에서 떨어진 뒤에야 윗단으로 변속하도록 만든다.

오버드라이브(overdrive)를 사전에서 찾아보면 "자동차 따위의 엔진의 회전수를 변화시키지 않고 속력을 증가시키는 전환 기어 장치"라고 나온다. 본디 오버드라이브 장치는 1960년대에 미국에서 사용하기 시작하였다. 자동변속기의 오버드라이브 스위치는 사전적 또는 역사적 의미와는 달리 단순하게 4단 작동을 허가하거나 금지하는 버튼일 뿐이다.

이 스위치는 보통 OD OFF로 줄여서 표기한다. 평상시에는 오버드라이브 장치를 늘 동작시키고 필요할 때만 끄는 방식이기 때문에 특이하게도 스위치를 끄는(off) 방향으로 표기한다.

오버드라이브 스위치는 평상시에 늘 작동시킨 상태로 사용한다. 작은 커브가 많은 경주로처럼 속도를 자주 높였다가 낮추어야 하는 운전 상황에서는 끈다. 다시 말해, OD OFF 상태로 한다.

변속기의 변속 단수를 제한하는 똑같은 기능을 어떤 것(4단)은 스위치로 끄고 어떤 것(3, 2, 1단)은 선택레버로 움직이게 해 놓아서 헷갈리기가 쉽다. 그래서 PC통신 게시판에도 OD OFF 스위치에 대한 질문이 숱하게 올라오곤 한다. 어떤 사람은 이것을 언덕을 올라갈 때는 번번이 작동시켜야 한다고도 하고, 또 어떤 사람은 시내에서는 OD OFF로 하고, 고속도로에서만 OD ON 상태로 해야 한다고도 한다.

바른 사용법은 늘 오버드라이브로 주행하여 4단 변속기의 이점을 최대한 살리는 것이다. 잠깐잠깐씩 물려 들어가는 4단의 사용을 억제하고 싶은 상황, 예를 들어 굴곡이 잦은 길이나 급한 오르막길에서는 OD OFF 스위치를 사용해서 4단 사용을 막을 수 있다. 가벼운 엔진브레이크가 필요한 상황(경사가 느린 내리막길)에서도 사용할 수 있으나, 요즘 자동차들은 주 브레이크의 용량이 충분하므로 OD OFF 상태로 처리할 만큼의 완만한 내리막길에서는 엔진브레이크를 쓸 필요가 없다. 사실 대부분의 운전자들에게 OD OFF 기능은 필요하지 않다.

파워/노멀(PWR/NOR) 또는 노멀/이코노(NOR/ECO) 등으로 표시된 변속모드 전환 스위치는 전자제어식 자동변속기에만 있다. 전자제어식 자동변속기에는, 시속 몇 킬로미터에서 윗단으로 변속하고, 또 액셀러레이터 페달을 얼마만큼 밟을 경우에 더 높은 속력으로 변속 시점을 변화시키고 하는 변속 패턴이 TCU의 영구 메모리에 기록되어 있다. 여러 가지 배기량의 엔진에 맞추거나 대상 차량의 특성에 맞춰 변속 패턴을 바꿀 때도 TCU의 메모리만 교체하는 것으로 충분하다.

이렇게 변속 패턴의 선택이 자유로운 전자제어식 자동변속기는 두 가지 이상의 변속 패턴을 저장하고 있다가 운전자 취향에 맞춰서 선택하는 것도 가능하다. 변속 모드 전환 스위치는 변속 패턴의 수동 선택에 사용한다. 변속 모드 선택은 차종에 따라 파워/노멀이나 노멀/이코노로 불린다.

파워 모드에서는 자동변속기가 액셀러레이터 조작에 따라 적극적으로 자주 다운시프트(downshift)를 행한다. '다운시프트'는 저속 기어로 전환하는 것을 말한다. 액셀러레이터를 많이 밟는 운전자는 rpm이 4,000 이상에 도달하는 경우도 흔하다. 그렇다고 해서 파워 모드가 변속기에 무리를 주는 것은 아니다. 그리고 연비도 어떤 모드를 선택하느냐에 따라 달라지지 않는다. 노멀 모드에서도 액셀러레이터를 많이 밟고 급가속을 즐겨 하면 연비

변속 패턴의 선택이
자유로운 전자제어식
자동변속기는 두 가지
이상의 변속 패턴을
저장하고 있다가
운전자 취향에 맞춰서
선택하는 것도 가능하다.

가 나빠지고, 그 반대로 파워 모드에서 부드럽게 운전하면 연비가 좋다.

　모드의 선택은 개인적인 취향과 자동차 특성에 따라서 다르다. 파워 모드에서는 변속기가 적극적으로 다운시프트를 하기 때문에 언덕길을 오르거나 속도를 높일 때에 엔진의 응답성을 살려 차가 액셀러레이터 조작에 잘 따라 준다. 노멀 모드에서는 다운시프트가 줄어들기 때문에 변속으로 인한 충격이 적어 조용하다.

파워 모드 스위치와 홀드 모드 스위치의 전환. 파워 모드 스위치는 변속기 변속 패턴을 변경할 뿐 기계적으로 차이를 일으키지 않는다. 변속기 수명에도 아무런 차이가 없다. 자동변속기 홀드 모드 스위치는 2단으로 부드럽게 출발할 때 사용한다. 그런데 깜빡 잊고서 홀드 모드를 선택한 채로 장시간 고속으로 달리면 변속기 오일을 과열시켜 오일의 수명이 짧아진다.

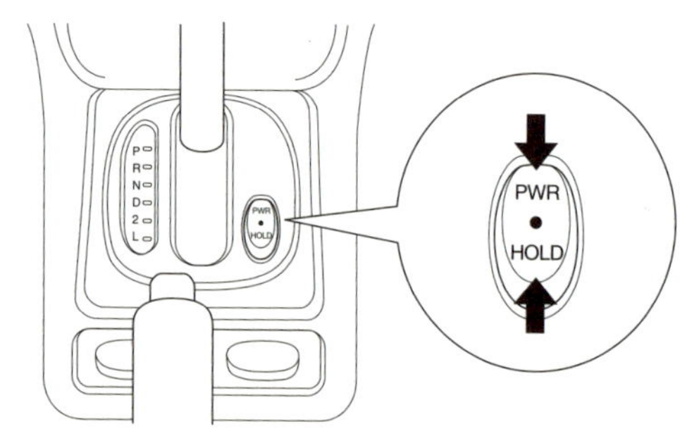

　일부 차에 있는 홀드(Hold) 모드는 두 가지 기능으로 사용된다. 현대자동차의 차량은 홀드 모드를 사용하면 2단에서 출발한다. 1단 출발보다 가속력은 떨어지지만 눈길과 같은 미끄러운 상황에서는 바퀴에 걸리는 구동력을 살살 조절할 수 있는 2단 출발이 바람직하다. 만일 구동력이 너무 커서 미끄러운 노면이 받아들일 수 있는 한계를 넘어서면, 바퀴는 삽시간에 헛돌고 차는 뒤쪽이나 도로 옆으로 미끄러진다. 홀드 모드가 없는 자동변속기로도 액셀러레이터를 섬세하게 조절하면 같은 효과를 얻을 수 있다. 홀드 모드가 눈길에서 안전하게 출발하는 데에 만능은 아니지만 없는 것보다는 훨씬 낫다. 홀드 모드는 스위치 하나를 추가하는 정도에 그치므로 저렴하다.

　홀드 모드는 또 2단 출발 기능 외에 킥다운(kickdown) 현상이 일어나지 않게 하는 기능도 있다. 홀드 모드에서의 변속은 속력에만 의존하지 액셀러레이터 페달을 얼마나 깊이 밟느냐 하는 것과는 전혀 상관 없다. 그래서 고속도로를 달릴 때에 홀드 모드로 하면 킥다운이 전혀 없는 주행이 가능하다. 하지만 오르막길을 킥다운 없이 4단으로 계속 주행하면 토크 컨버터의 마찰이 너무 커서 변속기 오일이 금세 과열되므로 좋지 않다. 홀드 모드에서는 고출력 주행을 되도록이면 하지 말아야 변속기 오일의 수명이 짧아지는 것을 막을 수 있다.

그런데 기아자동차는 좀 다르다. 홀드 모드에서는 변속기가 수동변속기처럼 동작한다. 홀드 모드로 작동시키면 선택레버 D에서는 3단, 레버 위치 2에서는 2단, 위치 L에서는 1단만 걸린다(선택레버 옆에 씌어 있다). 레버를 상하로 움직임으로써 마치 수동변속기처럼 조작할 수 있다. 기아자동차는 OD OFF 스위치가 없는데, 홀드 모드를 사용함으로써 선택레버 D 위치에서 3단을 불러오는, 다른 제조사 차의 OD OFF 스위치와 같은 기능을 한다.

킥다운은 자동변속기 자동차의 경우 액셀러레이터 페달을 힘껏 밟으면 기어가 저단으로 바뀌는 현상이다.

각종 장치의 사용법

토크 컨버터

　자동변속기를 쓰는 차는 정차할 때 번번이 변속기를 중립에 놓지 않아도 엔진 시동이 꺼지지 않는다. 변속기 앞쪽에 토크 컨버터(torque converter)라는, 철판으로 만든 지름 25cm쯤 되는 도넛 모양의 부품(속에는 변속기로부터 공급되는 오일이 채워진다)이 들어 있어서 엔진 공회전을 허용하면서 동력을 전달한다. 토크 컨버터는 수동변속기의 클러치가 들어갈 공간을 차지하고 있다. 동력이 지속적으로 전달되므로 자동변속기 차량은 D 상태에서 브레이크를 떼면 약한 힘(엔진 공회전의 힘)으로 움직이는데, 이것을 크리프(creep；슬금슬금 기어가기)라고 한다. 크리프는 교통이 정체되는 길에서 앞차와의 간격을 유지하고 주차할 때 차를 미세하게 움직이는 데에 도움이 되므로 외국의 일부 세미오토 변속기나 무단변속기는 토크 컨버터를 쓰지 않으면서도 크리프를 흉내낸 것도 있다.

　토크 컨버터는 차가 발진하지 않을 때도 엔진의 회전을 허용하는데, 이 특성을 이용해서 자동변속기 차에서 강한 발진 가속을 얻을 수 있다. 브레이크를 밟아 차의 움직임을 막은 채 액셀러레이터 페달을 꽉 밟으면 엔진 rpm은 약 2,500까지 올라간다. 이 상태에서는 토크 컨버터의 오일 흐름이 강력하며 회전력도 강해진다. 계속 액셀러레이터 페달을 꽉 밟은 상태로 브레이크에서 발을 떼면 차가 꽤 강한 힘으로 앞으로 나아간다. 배기량 3.0 *l* 이상의 대형차는 바퀴가 헛돌면서 출발할 때도 있다. 토크 컨버터의 스톨(stall)을 이용한 이 발진 방법을 쓰면, 액셀러레이터와 브레이크 페달을 함께 밟는 동안 허비되는 엔진의 에너지가 몽땅 변속기 내부의 오일을 가열하는 열에너지로 변환되므로 변속기 오일의 온도가 급상승한다. 그러므로 액셀러레이터와 브레이크를 함께 밟는 시간이 5초를 넘으면 좋지 않다. 사실 스톨을 이용한 발진 방법은 권할 만한 것이 못 된다. 자동변속기 오일이 과열되면 변속기 오일의 수명이 짧아지기 때문이다. 그래서 자동차 회사의 사용설명서에는 이러한 방법의 사용을 금하고 있다.

차가 움직이지 않는데 액셀러레이터 페달을 밟고 있는 것은 앞에서 말한 대로 차를 움직이는 데에 사용되지 못하는 엔진의 에너지가 변속기 오일의 온도를 올리는 데 사용되므로 변속기에 해롭다. 오르막길에서 교통량이 많아 막힐 때에 지지부진한 교통 흐름에 따라 브레이크와 액셀러레이터 페달을 바꿔 밟는 것이 귀찮다고 해서 액셀러레이터 페달을 적당히 밟음으로써 차가 뒤로 밀리지 않는 상태를 유지하는 운전자가 있는데, 이것 또한 변속기 오일을 과열시키기 때문에 피해야 한다.

04 | 4WD
험지 돌파, 미끄러운 노면 주행, 주행 안정성 확보에 좋다

4WD(Four Wheel Drive; 4륜구동) 기능은 일명 4×4(four by four; 차량 바퀴 4개 모두에 동력이 공급됨)라고도 불린다. 4WD 차량은 세 가지 목적으로 이용한다. 험한 지형 돌파, 미끄러운 노면 주행, 주행 안정성 확보이다. 첫째 목적인 험한 지형 돌파는 지프라고 불리는 차종에 필요한 것이고, 둘째 목적인 미끄러운 노면 주행은 험한 지형까지는 아니더라도 스키장 주변의 눈길이나 바닷가 모래밭 길에서도 주행하기 위한 것이다. 셋째로 주행 안정성 확보는 국내에는 예가 없는 것으로서, 출력이 엄청난 스포츠카의 강한 출력을 두 개 바퀴로만 지면에 전달하면 바퀴가 헛돌아서 곧바로 출발할 수 없으므로 네 개의 바퀴에 동력을 분산시키는 것을 말한다.

수동 록킹 허브(위)는 4륜구동 작동시 운전자가 손으로 선택 다이얼을 돌려 줘야 하지만 오토 록킹 허브(아래)는 4륜구동 모드 때 자동적으로 동력축과 결합된다.

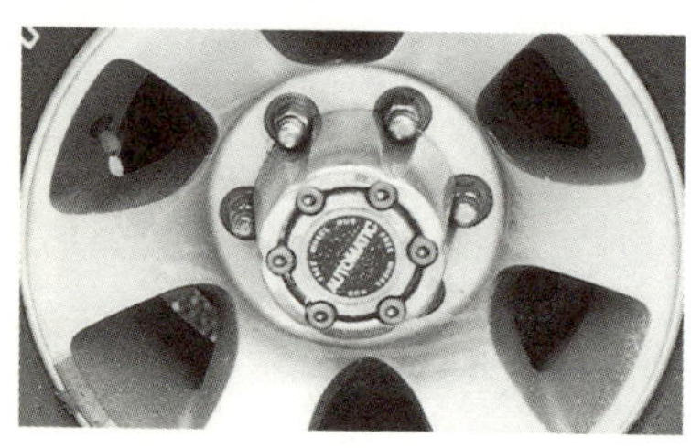

록킹 허브

험지 돌파를 위한 4륜구동 차의 앞바퀴에는 록킹 허브(locking hub)가 들어간다. 기아 세레스나 군용 지프처럼 험지 주행만을 생각하고 록킹 허브가 없이 구동축과 늘 결합된 경우도 있으나, 그런 차종은 매우 적다.

요즘 만들어지는 4륜구동 차는 대부분이 자동(automatic) 록킹 허브이지만, 일부는 수동(manual) 록킹 허브를 사용한다. 국산 차종 중에는 갤로퍼 밴이 수동이다.

록킹 허브는 4륜구동 때는 구동축과 연결되어서 엔진이 회전하는 데에 따라 바퀴가 움직이도록 고정시켜 주고

(lock), 2륜구동 때는 구동축과 분리되어서 바퀴가 그냥 굴러가도록 해제시켜 준다. 록킹 허브가 없으면, 2륜구동 때도 앞바퀴는 구동축과 연결되어서, 차량이 전진함에 따라 바퀴가 구동축과 트랜스퍼 케이스(4륜구동용 동력분배 변속기)를 역회전시키므로, 소음이 많고 연비가 떨어진다. 수동 록킹 허브는 허브에 있는 선택 다이얼을 돌려서 고정과 해제를 선택한다. 곧, 4륜구동으로 주행할 때는 고정, 2륜구동으로 주행할 때는 해제시킨다. 고정하지 않으면, 변속기로 아무리 4륜구동을 선택해도 앞바퀴는 동력에 연결되지 못하고, 4륜구동의 효과가 없다.

록킹 허브는 앞바퀴 휠 중앙에 돌출해 있다. 뒷바퀴도 같은 모양인데, 모양을 내기 위한 장식에 불과해서 겉의 플라스틱 커버를 벗겨 보면 속은 비어 있다.

눈발이 휘날리거나 차 주위가 온통 진창일 때에 4륜구동을 선택하기 위해 차에서 내려 록킹 허브의 다이얼을 돌려 주는 것은 매우 성가신 일이다. 실내에서 허브를 조정할 수 있는 오토 록킹 허브는 실내에서 4륜구동을 선택하는 것만으로 허브도 연결되므로 편리하다. 오토 록킹 허브에는 기계장치에 의해 4륜구동 작동 때에 물려 들어가도록 하는 것과, 앞바퀴에 동력이 공급되면 스스로 물려 들어가도록 되어 있는 두 종류가 있다. 뒤의 것은 4륜구동으로 주행을 마친 다음 차 안에서 변속기를 2륜구동 상태로 전환한 뒤에 2m쯤 후진해 주면 자동적으로 록킹 허브가 해제된다.

트랜스퍼 케이스

트랜스퍼 케이스(transfer case)는 4륜구동 차에만 있는 부변속기副變速機로서, 변속기가 자동이든 수동이든 추가로 장착된다. 트랜스퍼 케이스의 역할은 4륜구동 때에 앞바퀴에 동력을 공급하는 것이며, 내부 구조는 톱니바퀴 장치로 되어 있다.

4륜구동 차에는 운전석에 변속레버가 두 개 있다. 큰 것은 1단부터 5단까지 변속하는 주변속기용 레버이고 작은 것은 트랜스퍼 케이스를 작동시키는 것이다. 무쏘와 뉴코란도는 트랜스퍼 케이스를 모터로 조작하기 때문에 전기 스위치로 작동한다. 트랜스퍼 케이스용 변속레버에는 2H-N-4H-4L로 위치가 네 곳 있다.

트랜스퍼 케이스 변속레버(작은 것)는 평상시 2H에 놓아 2륜구동 상태로 주행한다. 4륜구동 모드를 사용할 때 4H는 가벼운 산악 주행, 4L은 엄청난 경사 길을 돌파할 때 사용한다.

2H는 '2 wheel drive High range'를 뜻한다. 2륜구동 때에 이 위치에 놓는다.

N은 중립(Neutral)으로 트랜스퍼 케이스로 들어오는 동력을 아무 곳에도 연결하지 않는다. N 위치를 만들어 놓지 않은 트랜스퍼 케이스도 많은데, 사용할 때에 차이는 없다.

4H는 '4 wheel drive High range'이다. 4륜구동을 작동시킬 때 이 위치에 놓는다. 트랜스퍼 케이스는 변속할 때 차를 멈추고 클러치를 밟은 뒤에 변속해야 한다. 차를 굳이 멈추지 않고도 클러치만 밟으면 변속할 수 있는 차도 많다. 4H에서는 주변속기의 동력이 앞뒤 바퀴로 고르게 배분된다.

4륜구동 상태에서는 앞뒤 바퀴의 구동축이 트랜스퍼 케이스 내부에서 연결되므로 같은 회전수로만 회전할 수 있다. 이 때문에 커브를 돌 때 앞뒤 바퀴의 회전수가 달라지는 내륜차를 인정하지 않는 구조가 된다. 앞뒤 바퀴는 다른 회전수로 돌려고 하고, 트랜스퍼 케이스는 앞뒤 바퀴를 정확히 같은 회전수로 돌려 주기 때문에 4륜구동 상태에서 커브를 돌면 타이어가 "드드득" 소리를 내며 무리한 힘을 받는다. 비포장 도로에서는 타이어가 미끄러질 수 있기 때문에 어느 정도 커브를 돌 수 있지만, 포장 도로에서는 4륜구동 상태로 커브를 도는 일은 되도록 하지 말아야 한다. 심한 경우 구동계의 저항을 견디지 못하고 엔진 시동이 꺼진다.

싼타페의 4륜구동은 이것과 다르다. 싼타페의 경우에 옵션으로 선택하는 AWD(All Wheel Drive) 기능은 항상 4륜구동 상태에서 주행한다. 2륜구동과 4륜구동을 상황에 따라서 전환하는 수고를 덜도록 되어 있다. AWD방식은 4륜구동에서도 상황에 따라서 앞뒤 바퀴의 구동축 회전수가 서로 조절되는 센터 디퍼런셜(center differential)이 있어서 급하게 커브를 꺾어도 전혀 무리가 없다. 싼타페 AWD는 2륜구동으로 전환할 필요가 없으므로 앞바퀴에 록킹 허브도 필요 없어 그냥 간단하게 고정 상태로 만들었다.

4L은 '4 wheel drive Low range' 이다. 로 레인지는 트랜스퍼 케이스 내부의 변속 톱니바퀴를 이용해서 주변속기에서 나온 회전을 다시 두 배쯤 감속시킨 것이다. 회전수는 반으로 줄고 회전력은 두 배가 된다. 4L에서는 1단으로 20km/h도 내기 힘들지만 구동력은 엄청나다. 도랑에 빠진 다른 차를 끌어 낼 때나 급한 경사를 올라갈 때에 사용한다. 로 레인지에는 2L 모드가 없는데, 로 레인지의 강한 구동력을 바퀴 두 개에만 걸면 구동계에 무리가 생기기 때문이다. 로 레인지의 구동력은 네 바퀴로 나눠야 안전하게 소화할 수 있다.

싼타페 같은 AWD 차량은 4륜구동이긴 해도, 험지 돌파가 목적이 아니기 때문에, 로 레인지가 없다. 외국에는

4륜구동 상태에서 커브를 돌면 타이어가 "드드득" 소리를 내며 무리한 힘을 받는다. 비포장 도로에서는 타이어가 미끄러질 수 있기 때문에 어느 정도 커브를 돌 수 있지만, 포장 도로에서는 4륜구동 상태로 커브를 도는 일은 되도록 하지 말아야 한다.

겉모양은 우리 나라의 스포티지처럼 생겼지만 로 레인지가 없는 RV(Recreational Vehicle; 레크리에이션용 차) 차량이 종종 있다. 어차피 깊은 산골의 험지로 갈 것도 아니기 때문에 필요 없다는 발상이다. 그 발상은 실제 판매 전략에서 먹혀 들고 있다.

05 | 에어컨과 환기 장치
모두가 쾌적함을 느낄 수 있는 실내 온도와 공기 맞추기

모든 자동차에는 환기 장치가 갖춰져 있다. 국민차부터 최고급 차까지 환기 장치의 원리는 같다. 기능 작동을 기계식으로 하느냐, 전기식으로 하느냐의 차이 정도밖에 없다.

자동차의 환기는 자연환기와 강제환기가 있다. 자연환기는 자동차가 주행하면서 앞쪽에서 불어오는 바람을 실내로 유입시키는 것이다. 한편, 강제환기는 모터로 팬을 돌려서 바람을 일으키는 것이다. 강제환기가 필요한 이유는 자연환기의 풍량이 주행 속도에 따라서 차이가 심하기 때문이다.

승용차의 환기를 위해서 공기가 들어오는 흡입구는 앞유리창 밑의 카울 패널(cowl panel)에 있다. 차 앞유리와 엔진 후드가 만나는 곳을 보면 공기가 들어갈 수 있도록 그릴이 만들어져 있다. 이 위치는 주행중에 마주 불어오는 바람이 모이는 곳으로, 별다른 노력 없이 외부 공기를 유입시킬 수 있다. 카울 패널에서 들어온 공기는 실내에 마련된 환기구에서 분출되어 실내를 환기시킨 뒤에 뒷유리 밑의 통풍구를 지나 트렁크로 들어간다. 그런 다음 공기가 밖으로 빠지는 곳은 뒷범퍼 속에 숨겨져 있

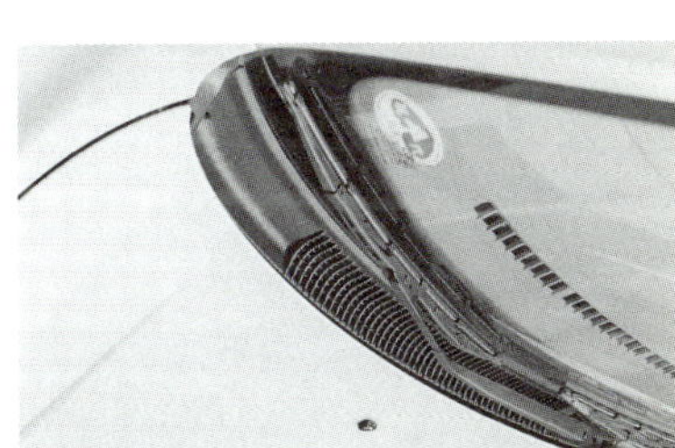

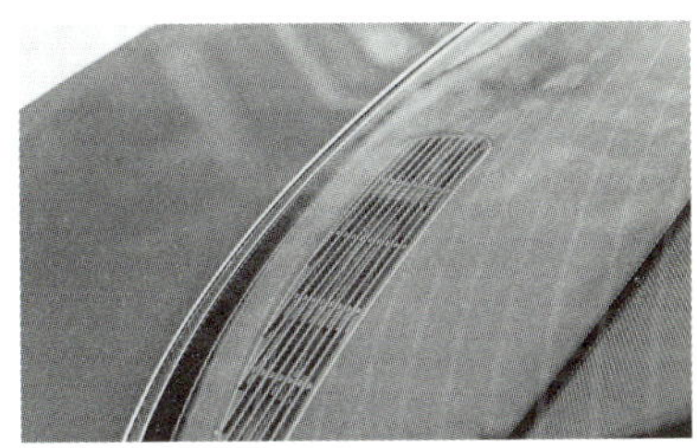

환기 장치로 외부 공기를 유입시키는 흡입구(위)와 실내 공기를 트렁크로 배출시키는 통풍구(가운데), 최종적으로 공기를 외부로 배출시키는 트렁크 내부의 배기구(아래).

다. 트렁크를 열어 보면 좌우에 공기가 빠지는 그릴이 있다. 트렁크를 빠져 나온 공기는 주행중에 형성되는 뒷범퍼 밑의 저압 지대에 흡인되어서 차 밖으로 흘러 나간다. 차

안은 물론이고 트렁크 안도 환기가 된다. 따라서 설령 유괴를 당해 트렁크에 감금되더라도 질식하는 일은 없다. 이처럼 트렁크와 실내가 뒷유리 밑의 통풍구로 연결되어 있기 때문에 트렁크에 김치와 같이 냄새가 나는 것을 실으면 그 냄새가 차 안으로 흘러 들어온다.

온풍과 냉풍의 원리

수냉식 엔진을 갖춘 자동차는 온풍을 매우 쉽게 얻는다. 엔진을 순환하는 냉각수가 85℃ 정도로 뜨겁기 때문이다. 엔진 냉각수의 일부를 실내 환기 장치 속에 장치한 소형 라디에이터로 순환시키면 따뜻한 바람이 나온다. 폴크스바겐 비틀(일명 '딱정벌레' 차)이나 구식 포르셰처럼 공랭식 엔진 자동차에는 냉각수가 없다. 이런 경우 히터에서 사용할 열을 얻기 위해 엔진 배기관을 실내로 끌어와야 하는데, 배기관 온도는 엔진 부하 상태에 따라 변화가 심하기 때문에 신호 대기 때에는 냉랭하고 고속 주행 때에는 마치 사우나 하듯이 덥다.

외제 최고급 차 중에는 엔진이 뜨거울 때 열을 비축하는 '화학 보온병' 을 가지고 있는 차도 있다. 이것은 엔진 시동이 꺼져도 뜨거운 상태로 대기하는 서멀 배터리이다.

온풍이 엔진 냉각수의 열을 이용하기 때문에 한 가지 문제가 있다. 엔진 시동을 켜지 않거나, 시동을 켜더라도 시간이 지나지 않으면 냉각수가 차갑다. 당연히 바람은 따뜻해지지 않는다. 이 문제를 해결하는 방법이 없는 것은 아니다. 외제 최고급 차 중에는 엔진이 뜨거울 때 열을 비축하는 '화학 보온병' 을 갖춘 차가 있다. 서멀 배터리(thermal battery)라고 하는 이 장치는 엔진 시동이 꺼져도 뜨거운 상태로 대기한다. 사흘이 지난 뒤에도 시동을 걸 때에 냉각수는 서멀 배터리 내부를 통과하면서 50℃ 정도로 가열된다. 엔진 웜업도 수십 초 안에 끝나고 히터도 곧바로 뜨거운 바람을 내보낸다. 이 장치는 엔진 웜업 시간을 줄이고 짧은 시간에 연소 상태를 안정시키기 때문에 웜업 중에 발생하는 유해 가스를 줄이는 데에도 효과가 있다.

온풍은 엔진 냉각수를 이용하기 때문에 공짜로 얻는다.

하지만 냉풍은 대가가 필요하다. 냉풍의 발생 원리는 가정
용 에어컨과 똑같다. 냉매 가스(R-134a)는 엔진 옆에 부착
된 압축기에서 고압으로 압축되면서 열역학 법칙에 따라
온도가 80℃ 정도로 올라간다. 뜨거운 냉매 가스는 엔진룸
앞에 배치된 응축기로 보내져 엔진룸으로 들어오는 찬바람
(아무리 푹푹 찌는 여름이라도 80℃ 보다는 차갑다)에 의
해 50℃ 정도로 식으면서 액화된다. 하지만 이렇게 따뜻
해서는 아직도 실내에 시원한 바람을 만들어 줄 수 없다.

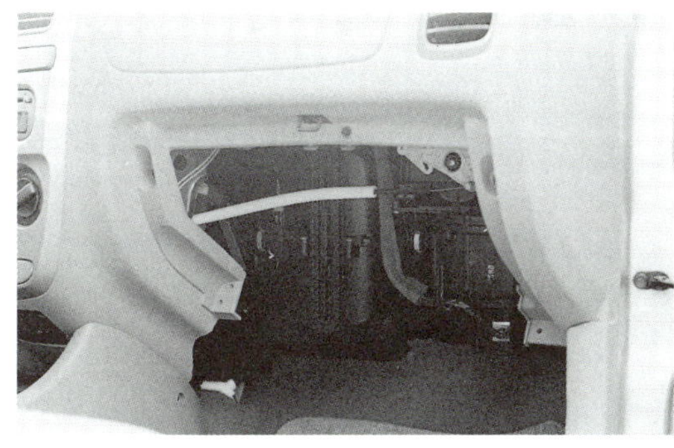

실내에 장치된 환기 장치.
운전석 앞쪽에는
계기판과 스티어링 장치,
페달이 들어가야 하므로
공간이 없어서
조수석 쪽에 장착한다.

마술은 이 다음 과정에서 일어난다. 액화된 따끈한 냉매
가스를 좁은 노즐을 통해서 차 실내에 있는 증발기 튜브
속으로 분사시키면 압력이 풀리면서 기체로 돌아가는데,
이때 온도가 갑자기 0℃ 로 떨어진다. 증발기는 소형 방열
기처럼 생겼는데, 속에는 냉매가 흐르고 바깥의 빗살로는
환기 장치의 바람이 통과한다. 차가운 냉매 가스로 인해
증발기는 시원하게 되고, 증발기를 통과하는 공기는 시원
한 냉풍이 된다. 증발기에서 기화된 다음 다시 미지근해진
냉매 가스는 엔진 옆의 압축기로 복귀하여 뜨거운 고압 가
스로 압축되어서 위의 과정을 되풀이한다. 이 과정을 지속
시키려면 엔진 동력의 일부를 떼서 압축기를 구동시켜 줘
야 한다. 그래서 에어컨을 켜면 운전자는 엔진 출력이 낮
아지는 것을 느낀다.

에어컨용 냉매로는 예전에는 R-12(상표명 프레온 Freon, CFC라고도 불림)가 사용되었다. 그런데 이 냉매가 지구 성층권의 오존층을 잠식하는 물질로 판명되어서 대체 물질을 개발하였다. 대체 물질은 R-134a인데, R-12에 비하면 냉방 효율이 떨어지고, 사실 이것도 오존층을 조금 파괴한다. R-134a를 사용해서 예전과 같은 수준의 냉방 성능을 발휘하려면 에어컨 장치가 더 커져야 한다. 새로운 냉매인 R-134a는 이전의 냉매인 R-12와 섞어서 사용할 수 없다. 에어컨을 보면 주입구 밸브 형태도 R-134a는 큼지막한 데 견주어서 R-12는 타이어에 공기 넣는 밸브처럼 조그맣게 되어 있다. 서로 다른 이유는 혼동해서 잘못 주입하는 일이 없도록 하기 위해서이다.

에어컨용 압축기는 벨트로 엔진과 연결되어 있지만 평소에는 압축기에 있는 클러치가 떨어져 있기 때문에 벨트만 회전할 뿐 속의 압축기는 전혀 움직이지 않는다. 실내에서 에어컨을 작동시키면 클러치의 전자석이 철컥 달라붙어서 벨트의 회전을 압축기 안으로 전달한다. 에어컨이 작동하다가 실내의 증발기가 지나치게 냉각되면 온도 조절을 위해 스스로 압축기 클러치를 끊는다. 이때 또 한 번 철컥 소리가 들린다. 증발기의 온도 조절을 위해 압축기는 상황에 따라 철컥철컥대며 클러치가 붙었다 떨어졌다를 되풀이한다. 만일 증발기 온도가 자동으로 조절되지 않고 무작정 차가워지면 금세 서리가 두껍게 끼고 빗살 틈새를 막아 바람이 전혀 통과하지 못한다.

각 조정 장치 사용법

환기 장치 조작은 케이블이 연결된 레버나 다이얼을 움직여 바람 통로를 여닫는 케이블식, 스위치 조작에 따라 진공 피스톤이나 전기 모터의 힘을 빌려 통로를 여닫는 동력식, 전자회로의 판단에 따라 전기 모터를 써서 자동으로 통로를 여닫는 자동식이 있다.

에어컨을 보면 주입구 밸브 형태도 R-134a는 큼지막한 데 견주어서 R-12는 타이어에 공기 넣는 밸브처럼 조그맣게 되어 있다. 서로 다른 이유는 혼동해서 잘못 주입하는 일이 없도록 하기 위해서이다.

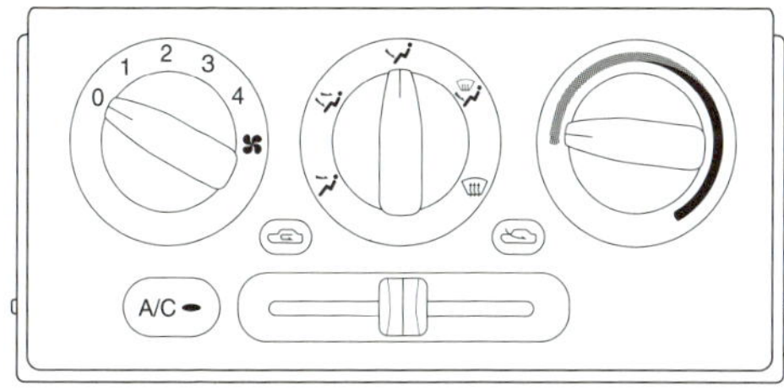

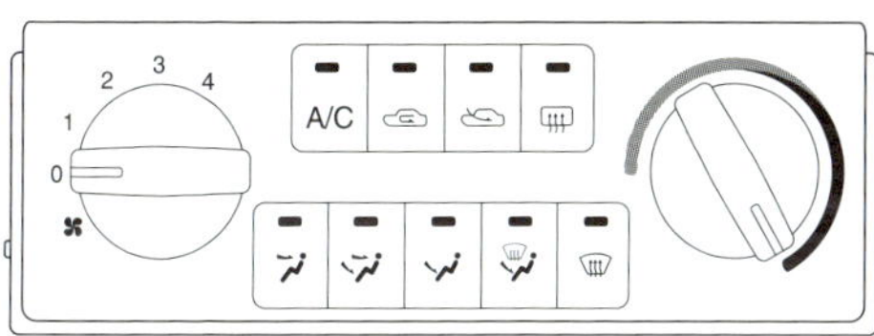

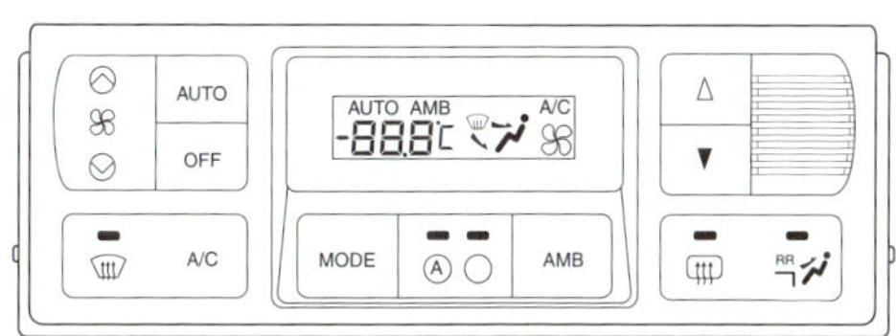

환기 장치는 공기를 어디서 끌어올 것인가(외기 도입/내기 순환), 어디로 공기를 내보낼 것인가(송풍 방향), 공기의 온도를 어떻게 조정할 것인가(온도 조절), 얼마나 많은 공기를 처리할 것인가(풍량) 하는 이 네 가지를 조절하도록 되어 있다.

자동식 조정 장치도 두 가지가 있다. 온도와 풍량만 자동 제어하는 반자동식과 송풍 방향과 외기 도입까지 자동으로 결정하는 전자동식이 있다. 반자동식이 별로 효과가 없는 데 비해서, 전자동식은 조정 장치의 오토(auto) 버튼을 누르고 온도만 설정하면 운전자의 수동 조작 없이 거의 모든 상황에서 쾌적한 실내가 되도록 환경이 스스로 바뀐다. 전자동식도 조정 장치가 결정한 환경이 맘에 들지 않으면(예를 들어, 외기 유입을 차단하고 싶거나 실내 흡연중에 환기 풍량을 늘리고 싶을 때) 해당 버튼을 눌러 다른 기능은 자동 제어로 남겨 둔 채 원하는 기능만 수동으로 조정할 수 있다.

흡입공기 필터와 AQS

환기 장치용 흡입공기 필터. 정전기를 띤 필터를 이용하여 극히 미세한 먼지나 꽃가루도 필터에 붙여 걸러 낸다.

중형차 이상에서 흡입공기 필터를 갖춘 차량이 늘고 있다. 흡입공기 필터는 환기 장치가 외부 공기를 흡입할 때 공기 중에 섞인 먼지나 꽃가루를 여과한다. 먼지가 많은 도심지를 주행할 때 창을 열지만 않는다면, 흡입공기 필터가 먼지를 걸러 주므로 실내에 먼지가 쌓이는 것을 많이 줄일 수 있다. 필터는 조수석 앞 글러브박스를 뜯어 내면 뒤쪽에 보이는 환기 장치에 끼워져 있거나 엔진룸에서 조수석 쪽 격벽의 커버를 열면 있다. 필터 교환 주기는 10,000km마다가 적당하다. 흡입공기 필터에 대해서는 자동차 사용설명서에도 자세히 나와 있지 않고, 이에 대해서 모르는 정비사도 많다.

고급 차에 장착되는 AQS(Air Quality System)는 유해 가스를 감지하는 센서를 차 앞부분에 장착해서 자동차 배기 가스에서 나오는 유해 성분이 감지되면 환기 장치를 내부 공기 순환 모드로 자동 전환시킨다. 이 장치는 도심지 주행중 앞차의 매연 때문에 실내 공기가 급격히 나빠지는 것을 웬만큼 막을 수 있다.

1) 내, 외기 전환

바깥의 공기를 도입할지, 차 안의 공기를 다시 사용할지 선택할 수 있다. 외부 공기 순환을 선택하면 사람들이 호흡 중에 내뱉는 이산화탄소로 차 안의 공기가 탁해지는 것을 막을 수 있다. 다만 매연이 심하거나 먼지가 많이 날리는 곳을 달릴 때는 내부 공기 순환을 선택하여 바깥 공기 유입을 막는다. 날씨가 아주 춥거나 아주 더워서 히터나 에어컨의 용량이 빠듯할 때도 내부 공기를 다시 사용하여 히터나 에어컨의 부담을 줄이고 원하는 온도에 빠르게 도달할 수 있다.

위는 차 안의 공기를 다시 사용하는 표시, 아래는 차 바깥 공기를 안으로 유입하는 표시이다.

2) 송풍 방향

차종에 관계 없이 송풍구는 앞유리 밑, 중간 높이, 발 쪽, 이 세 곳밖에 없다. 앞유리 밑 송풍구는 습기가 많은 날 차가운 유리 안쪽이 흐려지지 않도록 가열한다. 눈이 많이 내리는 추운 겨울에는 앞유리에 쌓인 눈이 녹지 않고 얼어붙는 일이 있다. 눈이 내리는 날은 오랫동안 주차한 뒤에는 물론, 주행중에도 바람에 의해 유리가 차갑게 얼어서 내리는 눈이 그대로 얼어붙는다. 이때 앞유리 밑 송풍구는 유리창을 가열하는 데에 효과가 있다.

겨울철 아침이면 밤새 내린 서리가 앞유리에 얼어붙을 때가 자주 있다. 서리는 타이어 가게나 자동차 용품점에서 사은품으로 제공되는 플라스틱 주걱을 이용하면 쉽게 긁어 낼 수 있다. 고무 주걱은 서리를 제거하기에는 너무 무르고, 쇠로

앞유리 밑(위), 중앙(가운데), 바닥(아래)으로 향한 송풍구.

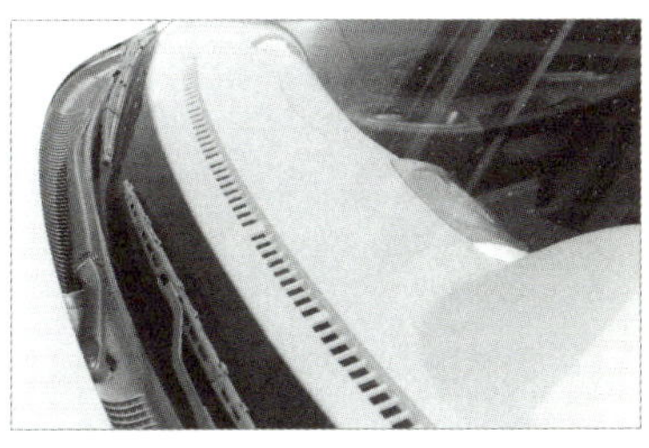

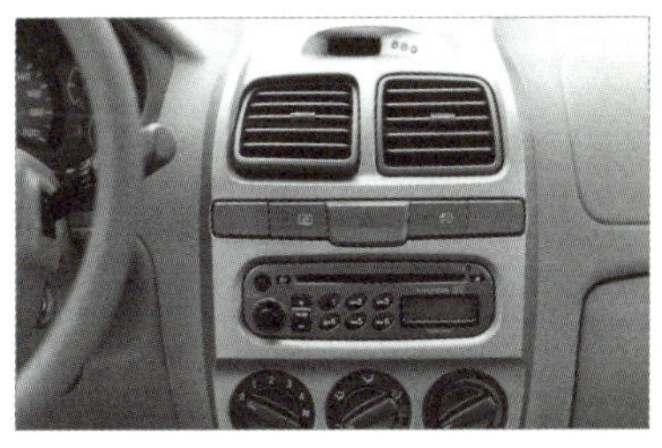

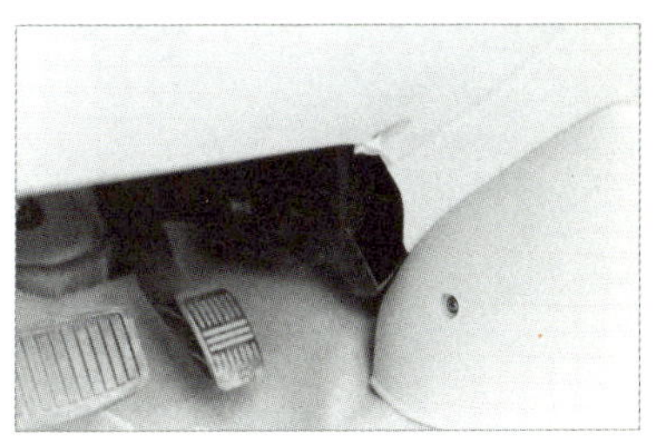

된 주걱은 유리에 영구적인 흠집을 남긴다. 시간이 급하거나 날이 몹시 추워 오랫동안 작업을 할 수 없는 때는 대충 얼음을 긁어 낸 뒤에 용설제溶雪劑(de-icer; 제빙 용제로 알코올이 주성분) 스프레이를 뿌려 주면 빠른 시간에 시야를 확보할 수 있다.

우리 나라에서는 주행중에 앞유리나 차 밖에 돌출된 리어뷰 미러(rearview mirror)에 서리가 얼어붙을 만큼 추운 날씨가 드물지만, 만일 그런 상황이 일어나면 유리창 밑 송풍구와 함께 리어뷰 미러 열선이 이 문제를 효과적으로 해결해 준다. 앞유리가 얼어붙는 날씨에는 워셔액 사용을 자제해야 한다. 저장통에 있는 워셔액은 얼지 않아서 액체가 분사는 되지만, 워셔액이 앞유리창에 묻자마자 찬바람에 의해서 얼어 버린다. 이렇게 되면 유리창에 형성된 얼음막이 오히려 시야를 가려, 주행 속도가 조금만 높아도 위험한 사고가 날 수 있다.

중간 높이에 있는 송풍구는 주로 찬바람을 내보낸다. 사람은 신체 중에서 얼굴이 시원하면 한결 더 쾌적하게 느끼므로 에어컨의 찬바람을 쐴 때 중간 송풍구를 이용한다. 난방할 때에도 바이레벨(bi-level; 2단식) 난방이라고 해서 중간 쪽으로는 조금 시원한 바람을, 발 쪽으로는 따뜻한 바람을 보낸다. 바이레벨 난방 모드는 환기 장치 조종판에서 중간 높이와 발 쪽 송풍구 선택 위치 사이에 있다. 중간 송풍구의 방향을 운전자나 승객의 얼굴로 정조준하면 찬바람이 직접 얼굴을 식히므로 좋다는 사람도 있고, 바람이 눈을 간질이고 얼굴만 차가워지기 때문에 싫다는 사람도 있다. 나는 실내 온도가 전체적으로 안정되는 것을 좋아하므로 바람이 얼굴이나 손에 직접 닿지 않도록 맞춰 놓는다.

발 쪽 송풍구는 난방을 위해 사용한다. 대부분의 차에서 조수석 쪽과 운전석 쪽의 바람의 온도가 다르므로 주의해야 한다. 운전자가 쾌적하면 조수석에 있는 사람은 뜨겁거나 차갑기 일쑤다.

바이레벨 난방은 발의 한기를 없애면서 얼굴 쪽으로 답답한 더운 바람이 올라오지 않도록 해 준다.

3) 온도

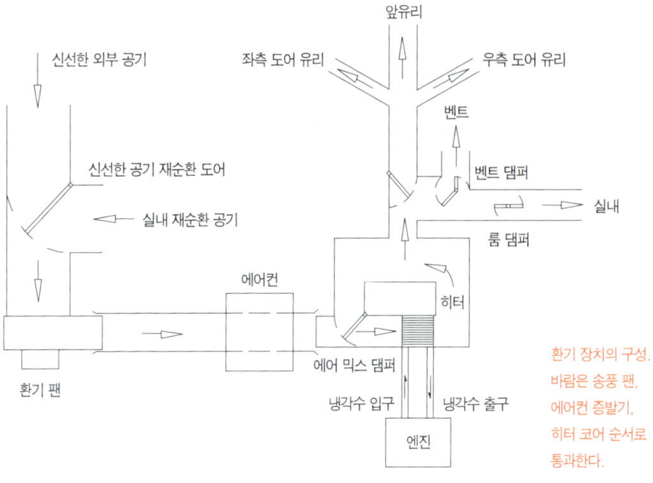

환기 장치의 구성. 바람은 송풍 팬, 에어컨 증발기, 히터 코어 순서로 통과한다.

자동차 히터의 온도 조정은 에어 믹스(air mix) 방식이다. 환기 장치를 통과하는 공기의 일부만 히터 코어(엔진 냉각수로 뜨겁게 유지되는 소형 라디에이터)를 통과시킨다. 에어 믹스 도어를 움직여서 히터 코어를 통과한 뜨거운 공기와 통과하지 않은 공기가 섞이는 지점에서 혼합 비율을 바꾸면 온도를 조정할 수 있다. 수동식 환기 조정 장치에 있는 온도조절 레버나 다이얼은 케이블을 통해 에어 믹스 도어의 위치를 변경시키는 방식이다. 온도조절 레버나 다이얼을 저온 또는 고온 쪽으로 끝까지 움직이면 "퍽" 하는 둔탁한 소리가 난다. 이것은 에어 믹스 도어가 한쪽 끝에 닿으면서 나는 소리로서, 문제가 있는 것은 아니다.

에어컨 온도는 어떻게 조절할까? 히터에 비해서 에어컨 온도 조정은 매우 비합리적(?)이다. 송풍 팬에서 나온 공기는 100% 에어컨 증발기를 통과한다. 에어컨 스위치를 눌러 에어컨이 작동되는 상태라면, 차가운 상태의 에어컨 증발기를 통과한 공기는 차갑게 식는다. 이 온도는 조절할 수 없다. 하지만 에어컨 다음에 히터가 있으므로 에어컨에서 차가워진 공기를 히터로 다시 가열하여 입맛에 맞는 온도로 만들 수 있다.

많은 사람들이 에어컨을 켰을 때는 온도조절 레버를 최대한 저온으로 밀고 사용한다. 그러다가 실내가 추워지면 일시적으로 에어컨을 끄고, 좀 따뜻해지면 다시 에어컨을 켜면서 사용한다. 그러나 이렇게 추웠다 더웠다 할 필요 없이 에어컨을 작동한 상태에서도 온도조절 레버를 돌려서 환기 장치에서 나오는 바람의 온도를 쾌적하게 맞출 수 있다. 히터는 에어컨과 별도로 동작하므로 에어컨에서 나온 찬바람을 히터로 가열해도 에어컨에는 아무런 영향이 없다. 다만, 에어컨을 계속 켠 채로 주행하므로 추워지면 끄고 더워지면 다시 켜는 방식에 비해서 에어컨으로 인한 연료 소모량이 조금이나마 늘어난다. 그러나 이로 말미암은 비용 추가는 무시해도 좋을 정도다.

4) 풍량

환기 조정 장치에 있는 풍량조절 레버나 다이얼은 조수석 앞에 있는 송풍 팬의 회전을 제어한다. 풍량조절 레버를 0에 맞춰서 바람이 나오지 않도록 하면 에어컨 스위치에 관계 없이 에어컨도 꺼진다. 풍량 조절은 환기 장치의 난방/냉방 능력을 변화시키는 데도 사용되지만 나오는 바람의 품질을 결정하기도 한다.

추운 겨울에 실내 난방을 위해 온도 조절 단계를 최대한 고온으로 맞추고 풍량을 1로 해도 되지만, 온도 단계를 70%쯤으로만 올리고 풍량을 2로 해도 온도는 같다. 풍량을 적게 하면 환기 장치에서 나오는 바람이 아주 뜨겁기 때문에 바람이 직접 닿는 부분과 다른 부분의 온도 차이가 심하다. 그렇게 되면 운전자의 발등은 뜨겁고 땀이 나지만 상체는 서늘할뿐더러 뒷자리에 앉은 승객은 한기를 느낀다. 냉방으로 할 때도 마찬가지로 불쾌한 상황이 된다. 따라서 나오는 바람의 온도는 조금 덜 높고 그 대신 풍량을 증가시키면 실내 온도 분포가 한결 균일해져 쾌적해진다.

48

제습난방

에어컨을 작동할 때에 온도 조절을 히터로 가열하는 방식을 채택한 까닭은 에어컨의 제습 기능을 살리기 위해서이다. 바깥의 습기 찬 공기가 차가운 에어컨 증발기를 통과할 때, 습기는 증발기 표면에 이슬로 맺히고 증발기를 통과한 공기는 수분 함유가 적다. 차가운 증발기 표면에 맺힌 습기는 밑으로 흘러서 모인 뒤에 배수구를 통해서 차 밑으로 떨어진다. 에어컨을 켜면 차 밑으로 물방울이 떨어지는 것은 바로 이 때문이다.

제습 기능은 모든 에어컨의 기본 기능으로, 가정용 에어컨에도 증발기에 형성된 응축수를 빼내는 배수 호스가 달려 있다.

에어컨의 제습 기능은 무더운 여름에만 쓸 수 있는 것은 아니다. 가을이나 겨울에도 비가 내려서 공기 중의 습도가 높을 때 에어컨을 틀어 제습 기능을 이용하면, 실내가 뽀송뽀송해질 뿐만 아니라 유리창 안쪽에 맺히는 습기도 원천 봉쇄할 수 있다. 환기 장치를 원하는 설정으로 맞춘 채 에어컨 작동 버튼만 눌러 주면 된다. 이때 에어컨을 작동하기 때문에 온도조절 레버를 최저온 위치로 놓는 사람이 있다. 날씨가 푸근하다면 괜찮겠지만, 겨울비 내리는 날에 에어컨을 틀고 온도를 최저 온도로 맞춰 놓으면 실내는 그야말로 냉동 창고가 된다.

다행히 자동차용 환기 장치의 온도 조절은 에어컨과 히터가 따로 작동한다. 에어컨에서 습기를 쏙 뽑아 낸 건조한 공기를 히터로 가열시켜도 그 공기에 습기가 다시 함유되지는 않는다. 이때 환기 장치는 제습난방 상태로 동작한다. 에어컨이 동작하는 상태에서 단순히 온도조절 레버를 원하는 온도에 맞춰서 히터의 강도를 조절하면 된다. 이 방법을 이용해도 에어컨과 히터는 서로에게 무리를 주지 않는다. 고급 차의 전자동 환기 조정 장치에는 습도 센서가 있다. 이 센서는 실내 습도가 높아지면 온도에

에어컨이 동작하는 상태에서 단순히 온도조절 레버를 원하는 온도에 맞춰서 히터의 강도를 조절하면 된다.

관계 없이 겨울에도 에어컨을 가동시킨다. 중형차의 보급형 전자동 환기 조정 장치에는 습도 센서가 없다. 그러므로 아무리 비가 내리고 유리창 안쪽에 김이 서려도 에어컨이 작동하지 않는다. 이때는 오토 모드에서 에어컨만 추가로 가동시켜서 온도 및 기타 조정은 자동으로 하고 에어컨의 제습 기능만 살리면 된다. 나중에 날씨가 맑아지고 습도가 떨어지면 오토 버튼을 한 번 눌러서 에어컨 작동까지도 자동으로 넘겨 주는 것이 좋다.

최신형 차량들은 수동식 환기 조정 장치에도 제습난방 기능이 있다. 바람이 나오는 방향을 앞유리 쪽으로 맞추면 환기 팬이 작동할 때 자동적으로 에어컨도 함께 들어오도록 스위치가 구성되어 있다. 이런 차는 에어컨 스위치를 누르지 않아도 스위치의 에어컨 작동 표시등에 불이 들어온다.

제습난방을 하면, 비 오는 날 유리창에 김이 서리는 것을 방지하고, 끈적끈적한 실내 공기를 쾌적하게 바꿔 준다는 점 외에 에어컨 냉매 가스의 수명을 늘려 주는 빼놓을 수 없는 이점이 있다.

가정용 에어컨과 달리 차량용 에어컨은 압축기 구동축 둘레로 냉매가 누설될 수 있다. 냉매 누설을 막기 위해 고무로 된 실(seal)을 장착했는데, 실과 구동축의 접촉부에서 냉매가 누설되는 것을 막는 것은 냉매 중에 혼합된 냉동기 오일이다. 오일이 실 표면에 얇게 묻어서 밀봉 효과를 낸다.

냉동기 오일은 본디 회전하는 압축기의 기계 부품을 윤활하기 위해 혼합되었다. 압축기가 회전할 때 냉동기 오일도 냉매와 함께 순환하며 각종 부품을 윤활하게 한다. 만일 오일이 없으면 압축기는 금세 쇳소리를 내면서 멈춰 버린다. 압축기 회전에 따라 오일은 구동축 둘레의 실에도 뿌려져서 실과 구동축 사이의 미세한 틈새를 밀봉한다.

그런데 에어컨을 오랫동안 켜지 않으면 실에 묻은 오일

가정용 에어컨과 달리 차량용 에어컨은 압축기 구동축 둘레로 냉매가 누설될 수 있다.

이 서서히 증발하여 없어진다. 오일이 오랫동안 다시 보급되지 않아 실 표면의 오일이 말라 버리면 그 동안 밀봉되어 있던 미세한 틈으로 냉매 가스가 서서히 누출된다. 그런 상태로 방치하면 다음 여름이 왔을 때에 냉매가 부족해서 에어컨의 성능이 떨어진다. 그러면 부득이 카센터에 가서 몇만 원을 주고 냉매를 보충해야 한다.

그래서 자동차 사용설명서에는 에어컨을 사용하지 않는 계절에도 1주일에 5분쯤 에어컨을 켜서 냉매 누설을 방지하라고 씌어 있다. 하지만 추운 겨울에 오직 그 목적으로 덜덜 떨면서 5분씩 에어컨을 켜는 것은 매우 고역이다. 그래서 제습난방의 효과를 염두에 두고 있으면, 겨울이든 가을이든 에어컨을 자주 사용하게 되므로, 냉매 누설을 자연스레 막을 수 있다.

자동차 사용설명서에는 에어컨을 사용하지 않는 계절에도 1주일에 5분쯤 에어컨을 켜서 냉매 누설을 방지하라고 씌어 있다.

06 | 시트
시트 방석의 앞뒤 위치는 브레이크 페달에 맞춰야 한다

시트는 자동차 실내에서 가장 비싼 부품이다. 시트는 한 사람씩 따로 앉는 버킷 시트(bucket seat)와 여러 사람이 함께 앉는 벤치 시트(bench seat)가 있다. 승용차의 앞좌석은 버킷 시트, 뒷좌석은 벤치 시트가 기본이다. 미국 차 중에는 앞좌석도 벤치 시트여서 중간에 어린이를 앉힐 수 있는 것도 있다. 이 경우 변속레버는 스티어링 휠 옆에 붙는 칼럼 시프트(column shift) 방식으로 처리한다.

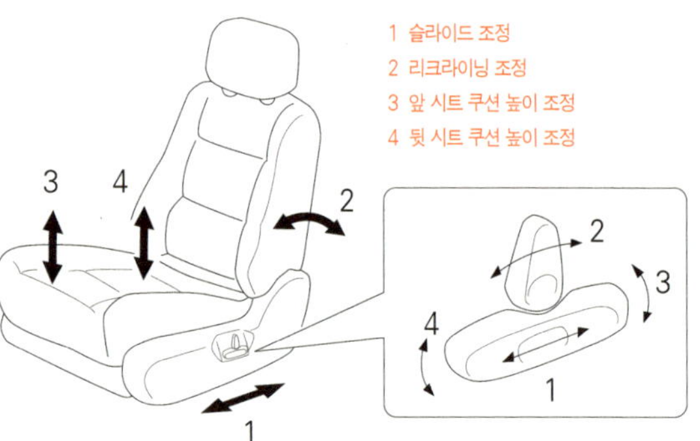

운전석 시트는 기본적으로 방석의 위치와 등받이 각도를 조정할 수 있다. 차에 따라서 방석의 앞뒤 높이, 등받이의 허리 부분 돌출 정도, 머리받침의 높이와 각도를 조절할 수 있는 것도 있다.

방석의 앞뒤 위치는 브레이크 페달에 맞춰 정한다. 가장 꼿꼿한 자세로 앉았을 때, 브레이크를 최대한 밟아도 무릎이 완전히 펴지지 않을 만큼 시트를 앞으로 당긴다. 실제 운전할 때는 엉덩이가 조금 앞으로 밀리고 좀 구부정한 자세가 되지만, 이에 맞춰서 시트를 뒤로 밀면 정말 강한 제동력이 필요할 때에 브레이크를 밟는 힘의 반력反力을 허리가 제대로 받쳐 주지 못한다. 강한 제동 때 페달의 반력은 허리가 아니라 엉덩이가 받쳐 줘야 한다. 평소 자기 차의 브레이크가 밀린다고 생각하는 사람들의 대부분은 시트를 뒤로 쭉 빼고 앉아서 다리가 브레이크를 힘있게 밟지 못하는 상태로 운전한다.

등받이 각도는 스티어링 휠과의 관계로 조정한다. 정상적인 운전 상태로 약간 구부정하게 앉은 자세에서 스티어링 휠의 좌우를 잡았을 때 팔꿈치 각도는 120도쯤이 적당하다. 너무 스티어링 휠과 가까우면 팔의 피로가 더하고, 너무 멀면 스티어링 휠을 크게 돌릴 때 상체를 일으켜 세워야 한다. 많은 사람이 필요 이상으로 등받이를 눕혀 운전하는데, 이 상태에서는 시트와 등이 잘 밀착되지 않는다. 따라서 급한 코너링을 할 때 상체의 원심력을 시트가 받쳐 주지 못해 스티어링 휠을 잡고 있는 팔로 원심력에 대항해야 하므로 스티어링 휠을 부드럽게 조작할 수 없다.

고급 차에는 텔레스코픽(telescopic) 스티어링 칼럼이 있다. 이것이 있으면 스티어링 휠의 위치를 상하뿐만 아니라 앞뒤로도 조정해서 운전자와의 거리를 조정할 수 있다. 자신의 다리가 보통 사람보다 유난히 길면, 시트를 뒤로 밀고 이에 맞춰 스티어링 휠도 가깝게 조정할 수 있는 텔레스코픽 스티어링 칼럼은 한결 쓸모가 있다.

시트의 앞, 뒤 높이를 조정하는 기능은 차종에 따라 앞부분만 조정되기도 한다. 시트 뒤쪽 높이는 자신의 상체 길이에 맞춘다. 키가 작으면 시트를 높여서 계기판 너머로 시야가 충분히 확보되도록 하고, 키가 크면 시트를 내린다. 스포츠카는 시트가 매우 낮고 브레이크와 액셀러레이터 페달을 앞으로 밀듯이 밟도록 되어 있다. 그것을 흉내내어 세단을 운전하면서도 시트를 지나치게 낮게 조정하기도 하는데, 세단의 페달은 위에서 내리누르듯이 밟도록 만들어져 있으므로 시트가 너무 낮으면 페달을 밟기 힘들어진다.

시트 앞쪽 높이는 허벅지의 지지력을 결정한다. 브레이

각종 장치의 사용법

평소 자기 차의 브레이크가 밀린다고 생각하는 사람들의 대부분은 시트를 뒤로 쭉 빼고 앉아서 다리가 브레이크를 힘있게 밟지 못하는 상태로 운전한다.

고급 차에는 텔레스코픽(telescopic) 스티어링 칼럼이 있다. 이것이 있으면 스티어링 휠의 위치를 상하뿐만 아니라 앞뒤로도 조정해서 운전자와의 거리를 조정할 수 있다.

크나 액셀러레이터 페달을 밟을 때에 허벅지가 시트 쿠션에 걸려서 제대로 밟을 수 없다면, 너무 높인 것이다. 거꾸로 너무 낮게 조정하면, 장거리 운전중에 다리가 공중에서 놀기 때문에 허벅지와 무릎이 제대로 쉬지 못해서 쉬 피로해진다.

등받이의 허리 부분에 내장되어 있는 돌출 정도를 조정해 운전자의 허리를 받쳐 주는 역할을 하는 것을 럼버 서포트(lumber support)라고 한다. 보통 시트 옆의 다이얼을 돌려서 3, 4단계로 조정한다. 너무 들어가게 조정하면 상체를 어깨로 지지하게 되어 어깨와 팔의 움직임이 자유롭지 못한 반면, 너무 나오게 조정하면 허리가 배겨서 오랫동안 운전하기가 어렵다.

머리받침은 평상시에는 거의 사용하지 않는다. 머리받침에 뒷머리를 대고 운전하려면 목에 힘이 들어가고 몹시 부자연스러운 자세가 나온다. 머리받침은 추돌 사고 때 머리가 뒤로 확 젖혀지며 목이 손상되는 것을 방지하는 안전 장치다. 흔히 머리받침은 높이를 조절할 수 있다. 높이를 조절하려면 기둥 밑의 고정 부분에 있는 조그마한 손잡이를 옆으로 밀며 머리받침을 위아래로 움직이면 된다. 고정 부분이 속에 숨어 있어서 볼펜 심같이 뾰족한 것으로 눌러야 하는 차도 있다.

머리받침의 적당한 높이는 편하게 앉았을 때에 머리받침의 중심이 눈 높이쯤이면 된다. 내가 본 대부분의 차들은 머리받침을 목받침으로 쓸 정도밖에는 올리지 않았는데, 그 상태로는 추돌 사고 때에 무거운 머리를 안전하게 받아 줄 수 없다.

07 | **안전벨트**
하중을 잘 흡수해 줄 만한 단단한 뼈에 걸쳐 맨다

시트와 함께 생각할 수 있는 것이 안전벨트이다.

최근 SRS(Supplementary Restraint System;안전벨트를 보조하는 고정 장비) 에어백이 빠르게 보급되고 미국에 수출하는 차량의 경우 기본적으로 운전석과 조수석에 모두 에어백을 장착하는데, 안전벨트가 없으면 에어백의 효과가 줄어든다. 충돌 사고 때에 상체가 에어백을 비껴 옆으로 빠져 나가면서 앞유리나 문 테두리에 부딪칠 수도 있는데, 안전벨트가 이런 상황을 막아 주기 때문이다. 안전벨트는 에어백 작동 뒤에 몸이 다시 시트로 돌아가도록 하는 역할도 한다. 안전벨트는 이 밖에 전복 사고나 1차 충돌 뒤에 다시 가드레일 따위를 들이받을 때에 생기는 2차 충격으로 사람이 차 안에서 이리저리 굴러다니는 것을 막는다.

안전벨트는 차체에 몇 군데가 고정되느냐에 따라서 허리에만 채우는 2점식과 허리 및 한쪽 어깨에 채우는 3점식이 있다. 카 레이스용으로는 4점식과 5점식도 있지만 한번 채우고 나면 후진할 때에 몸을 돌려 뒤를 보는 것조차 힘들 만큼 단단히 잡아 주기 때문에 일반 승용차용으로 보급하기는 어렵다. 2점식은 버스에 주로 사용되고 승용차에서는 뒷좌석 가운데 자리에 사용된다. 국산 차의 경우 수출하는 차는 뒷좌석 가운데 자리도 3점식으로 설치하기도 한다.

2점식은 골반 아래의 뼈에 걸치게 맨다. 허리띠보다 위에 매면 사고가 났을 때에 배와 창자에 큰 힘이 걸리므로 위험하다. 3점식도 허리 벨트는 골반 아래를 지나가게 걸치고 어깨 벨트는 어깨 관절과 목 사이에 걸리도록 한다. 어떤 차는 어깨 벨트가 걸리는 높이를 조절할 수 있으니, 자신의 상체 길이에 맞춰 조절해야 한다. 어깨 벨트가 어

안전벨트는
차체에 몇 군데가
고정되느냐에 따라서
허리에만 채우는
2점식과
허리 및 한쪽 어깨에 채우는
3점식이 있다.

깨 관절 밑을 지나가면 사고가 났을 때에 안전벨트가 어깨 관절을 홱 잡아채면서 탈골이 일어날 수 있다.

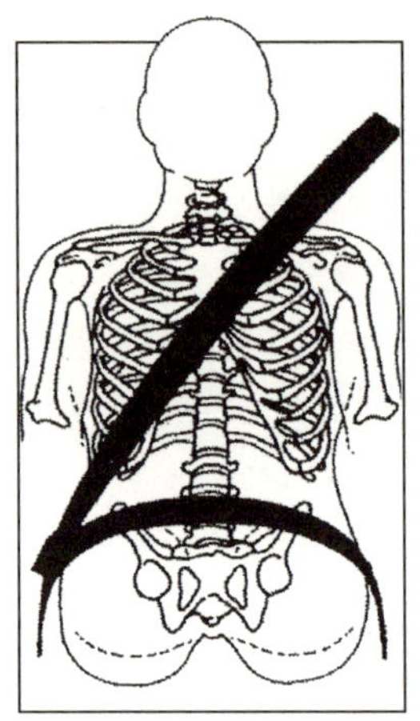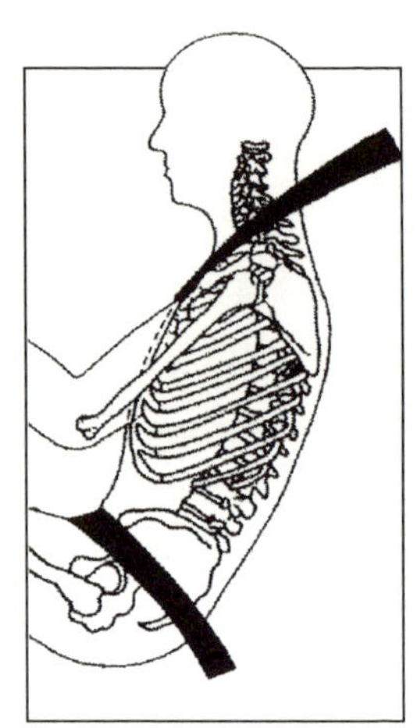

2점식은 허리만 고정하므로 사고가 났을 때에 허리에 큰 충격이 가기 때문에 오히려 매지 않는 것이 낫다는 사람도 있다. 하지만 안전벨트를 매지 않으면 사고가 났을 때에 사람이 차가 구르는 대로 차 안에서 이리저리 던져지면서, 변속레버에 배가 찔리기도 하고 앞유리에 머리를 부딪치면서 얼굴에 상처를 입기도 한다. 자동차 사고 현장에서 얼굴이 피로 범벅이 된 승객을 보게 되곤 하는데, 이것은 알고 보면 큰 상처 때문이라기보다는 앞유리에 얼굴을 부딪치면서 자잘하게 깨진 유리 조각에 얼굴 곳곳을 베이는 경우가 많기 때문이다. 따라서 2점식이라도 반드시 매는 것이 좋다.

안전벨트는 강도가 매우 커서, 큰 사고가 난 뒤에는 맨 자리에 시퍼렇게 멍이 들 정도다. 그러므로 관성이 실린 몸의 하중을 잘 흡수해 줄 만한 단단한 뼈에 걸쳐 매야 한다. 엉덩이를 앞으로 빼고 거의 누워 가다시피 하는 자세로는 허리 벨트가 골반 아래로 지나가게 제대로 매기가 힘들다. 또, 누운 자세에서 앞차와 충돌하면 안전벨트가 승객을 잡지 못하고 밑으로 쑥 빠지면서 무릎이 대시보드에 세게 부딪친다. 앞좌석뿐만 아니라 뒷좌석 승객도 안전벨트를 매야 한다. 앞좌석 시트 등받이는 생각만큼 튼튼하지 않아서 충격에 쉽게 꺾이므로, 충돌 사고시 뒷좌석 승객은 시트 등받이를 꺾고 날아가 앞좌석 밑에 나뒹굴게 된다.

안전벨트는 평상시에는 쉽게 당겨지지만 급작스럽게 당기면 걸려서 나오지 않는다. 이것은 ELR(Emergency Locking Retractor) 장치에 의한 것이다. ELR 안전벨트는 안전벨트가 급작스럽게 끌려 나가거나(충돌로 인해 사람이 앞으로 던져지면서) ELR 장치 내의 무게추가 충돌의 관성력으로 인해 앞으로 쏠리면 고정되어 안전벨트가 더 풀려 나가지 않도록 한다. 이 밖의 상황에서는 자유롭게 풀려서 승객의 몸 치수에 맞게 안전벨트를 맬 수 있도록 하고, 탑승중에도 몸을 뒤척일 수 있도록 여유를 준다.

옛날 현대 포니의 앞좌석 안전벨트는 3점식이었는데 ELR 방식이 아니었다. 안전벨트를 최대한 끌어 내서 착용하고 남는 길이는 조절해서 고정하는 방식이었다. 일단 착용한 뒤에는 전혀 움직일 수 없는 답답한 안전벨트였고, 타는 사람의 체격에 따라 번번이 벨트 길이를 새로 조정해 줘야 했다. 당연히 그렇게 불편한 안전벨트를 매는 사람은 거의 없었다.

그런데 ELR 안전벨트에도 한 가지 문제점(?)이 있다. 차가 급한 내리막에 있으면 ELR 장치의 무게추는 중력에 의해 앞으로 쏠려서 안전벨트가 더 풀려 나가지 않도록 고정시킨다. 그래서 차를 내리막에 주차한 상태에서는 ELR 장치 때문에 안전벨트가 끌려 나오지 않아서 안전벨트를 맬 수 없는 지경이 되기도 한다. 이럴 때에는 평지까지 몰고 간 뒤에 안전벨트를 매면 된다.

2 세차

자동차 관리와 관련해서 운전자가 가장 손쉽게 할 수 있는 것이 세차이다. 차를 얼마만큼 깨끗하게 하고 다니느냐는 개인의 성향 문제지만, 차의 품위 유지를 위해서는 퍽 중요하다. 차의 사회적 기능도 무시할 수 없기 때문이다. 깨끗한 차가 더러운 차에 비해 호텔이나 식당 같은 곳에서 더 대접받는 것도 바로 이런 까닭에서이다. 세차는 또한 자동차 페인트에 이물질이 확산해 들어가는 것을 막고, 차 하체에 쌓인 흙먼지가 축축한 채로 습기를 오랫동안 머금어서 녹이 유발되는 것을 막기도 하기 때문에 자동차의 유지 관리에 매우 중요하다.

01 세차의 종류와 선택
자동 기계 세차가 주류를 이룬다

세차는 사용하는 세제에 따라서 물 세차와 비누 세차가 있고, 세차 방법에 따라 전문 손 세차, 기계 세차, 앞마당 세차, 셀프 세차장 세차가 있다. 예전에는 세제를 사용하지 않는 물 세차로도 차를 깨끗하게 유지할 수 있었지만, 요즘의 대도시에서는 디젤 매연에 섞여 있는 경유 입자 때문에 차체에 기름기 있는 때가 묻어서 세제를 사용하지 않으면 안 될 정도가 되었다.

전문 손 세차

예전에는 세차장이라면 으레 사람의 손길로 차체와 바퀴, 기관 따위에 묻은 먼지나 흙을 씻어 내는 곳이었다. 그런데 기계 세차장이 생겨난 뒤로는 '손 세차'라고 구별해서 간판에 광고해야 할 만큼 손 세차장이 줄었다. 무엇보다 손 세차장은 주유소의 기계 세차장에 견주어 가격 경쟁력이 떨어진다. 구석구석까지 손길이 가는 것이 손 세차의 장점이기는 하지만, 차의 주인이 직접 하는 것에 비하면 여전히 대강대강 하는 듯하고 가격도 싸지 않기 때문에 손님이 계속 줄고 있다.

손 세차의 일종으로 서울 변두리 곳곳에 자리잡은 기사 식당에서 자기 업소에서 식사를 하면 서비스로 세차해 주는 곳도 있다. 깨끗하게 잘 하지는 않지만 그 가격으로 그 정도면 괜찮다. 하지만 이런 세차 영업은 불법이다. 폐수 정화 시설을 갖추지 않았기 때문이다.

폐수 처리의 부담을 덜기 위해서 하는 출장 스팀 세차는 물을 거의 사용하지 않는다. 먼지는 털이개로 거의 닦아 내고, 소량의 물을 스팀 형태로 분사해서 남은 먼지를 밀어 낸다. 그러나 세척 효과가 낮아서 권장할 만한 세차 방식은 아니다. 출장 스팀 세차도 한때 반짝했을 뿐 요즈음

폐수 정화 처리 시설이 갖추어지지 않은 곳에서 세차하는 것은 불법이다.

은 찾아보기 힘들다.

전문 손 세차는 고압 살수기로 먼지를 씻어 낸 뒤 비누 거품으로 닦고 다시 고압수로 헹궈 내는 방식으로 한다. 실내는 진공청소기로 먼지를 빨아 내고, 매트는 앞서 차를 닦을 때에 빼내서 고압수로 함께 씻어 낸다. 흔히 서비스로 타이어와 실내의 플라스틱 부분에 레저 왁스(leather wax; 고무나 플라스틱에 사용하는 실리콘 왁스)를 뿌려 준다. 레저 왁스를 뿌려서 반들반들해진 대시 보드(dash board; 계기판 등의 기기와 부속물들을 싸고 있는, 앞유리 밑의 플라스틱 보드)는 해가 쨍쨍한 날 앞유리에 반사되어서 눈을 부시게 하는 부작용도 있다. 그래서 나는 세차할 때에 레저 왁스를 뿌리지 말라고 부탁하곤 한다.

왁스 칠은 돈을 몇천 원 더 주면 고객이 가져온 왁스로 세차원이 칠해 준다. 왁스를 세차장에서 준비하지 않는 까닭은 워낙 왁스의 종류가 많고, 잘못된 종류를 사용하면 차에 손상을 주기 때문이다. 세차장에서 해 주는 왁스 칠은 짧은 시간에 대충 하기가 십상이라서 각 철판의 끝 부분이나 엠블럼 테두리에 왁스 찌꺼기가 많이 남는다. 그래서 권하고 싶지 않다.

자동 기계 세차

기계 세차는 시간은 짧게 걸리지만 자동차의 페인트 칠에 심각한 손상을 입힌다.

자동 기계 세차 시설은 거의 모든 주유소에 설치되어 있다. 세차 서비스는 주유소의 대 고객 서비스 중 '0순위' 항목이라고 할 수 있다. 세차 기계는 차가 멈춰 있고 세차기가 앞뒤로 윙윙거리며 움직이는 게이트식과 기다란 대형 세차기 속으로 차가 저절로 들어가는 터널식으로 크게 나뉜다. 게이트식은 설치 공간이 작고 기계 가격이 싸다는 이점이 있는 반면, 터널식은 처리할 수 있는 속도가 게이트식과는 비교가 되지 않을 만큼 빠른 것이 장점이다.

세차 방식은 '회전 브러시식' 과 '나는 걸레(?)식' 이 있다. 회전 브러시식은 거대한 원통형 브러시가 위와 옆에서 회전하면서 차체를 문질러 닦는 방식이다. 나는 걸레식은 부드러운 합성수지 스폰지로 만든 여러 개의 길쭉한 걸레가 앞뒤로 툭툭 치고, 옆은 회전하는 대형 걸레 브러시가 스치며 닦는 방식이다. 나는 걸레식은 페인트 긁힘이 적지만 세척력이 떨어지기 때문에 회전 브러시식이 많다.

회전 브러시식은 뻣뻣한 합성수지로 만든 브러시가 차체 표면 위로 지나가며 닦기 때문에 페인트에 브러시가 지나간 자국이 꼭 남는다. 자동 세차기를 즐겨 이용한 차들은 모두 브러시의 흔적, 즉 앞뒤 방향으로 난 실 같은 흠집이 숱하게 있다. 실같이 미세한 흠집은 빛을 난반사하여 차량의 광택을 감소시킨다. 게다가 회전 브러시는 평면보다는 돌출한 부분을 더욱 심하게 문지르기 때문에 앞유리 위에 돌출한 와이퍼 암이나 앞문 문틀의 페인트가 끝내 벗겨지는 경우도 있다. 게다가 터널식의 경우는 세차기에서 차를 끌어들이는 컨베이어의 양쪽 유도판이 휠 테두리를 긁어 먹는 수도 있다. 나의 경우는 새 차를 산 뒤로 자동 세차를 한 번도 이용하지 않았다. 자동 세차를 하느니 차라리 그냥 더러운 채로 둔다.

자동 세차기에서는 세제 거품을 씻어 낸 뒤, 수성 왁스를 뿌린다. 광택 효과보다는 발수(표면에 물이 송글송글 방울로 맺힘) 효과를 위한 것이다. 무차별적으로 뿌려지는 수성 왁스는 앞유리에도 입혀지는데, 앞유리에 왁스가 묻으면 비가 올 때 물방울이 유리창에 고루 퍼지지 않기 때문에 와이퍼를 사용하면 앞유리가 뿌옇게 되거나 와이퍼가 턱턱 튀는 문제가 따른다.

세차기는 마지막으로 강한 바람으로 물기를 걷어 낸다. 차가 기계에서 나오면 직원이 걸레를 들고 기다리고 있다가 남은 물기를 닦아 준다. 이 걸레는 깨끗하지 않아서, 나중에 물기가 마르면 유리창에 걸레 땟자국이 더 심하게 남는다. 세차기에서 마지막으로 헹굴 때에 쓰는 물은 탈이온 수로서 고도로 정제된 물이다. 걸레로 물기를 훔쳐 내지 않아도 그냥 말리면 물 얼룩이 남지 않는데, 괜히 더러운 걸레를 대서 걸레 얼룩을 남기곤 하는 것이다.

집에서 하는 세차

집에서 하는 세차는 양동이에 물을 떠 와서 하는 세차도 있고, 그냥 물걸레만 들고 나와서 방바닥 먼지 닦듯이 하는 세차도 있다. 앞서 기사식당의 세차를 언급할 때에 밝혔듯이, 폐수 정화 시설을 갖추지 않고 하는 세차는 불법이다. 집 앞에서 양동이에다 물을 떠 와서 하는 세차까지 해당되겠느냐고 하겠지만, 분명히 해당된다. 만일 평소에 사이가 좋지 않은 이웃이 112에 신고하면 경찰에 걸릴 수 있다. 다만, 자기 집 울타리 안에서 세차하는 것은 괜찮다. 집 안의 하수는 따로 모아지기 때문이다. 그러나 집 앞에서 세차하면 더러운 물이 우수관雨水管으로 흘러들어간다. 우수관은 하수처리장을 거치지 않고 곧장 하천으로 흐른다.

1) 도구

집에서 세차할 때에는 도구와 세제를 스스로 결정할 수 있다. 도구와 세제는 욕실 바닥용 세제처럼 잘못 선택하면 한방에 차 페인트를 망칠 만큼 강력한 것도 있다.

아무리 강한 물줄기, 강한 세제라도 뿌리기만 해서는 때가 모두 지워지지 않으므로 반드시 스펀지로 문지른다. 스펀지는 밀도가 적당히 낮은 것이 좋다. 시판되는 오뚝이 모양의 두툼한 세차용 스펀지나 3M에서 나오는 대형 청소용 셀룰로오스 스펀지가 좋다.

스펀지는 문지르기 전에 꼭 물에 담가서 스펀지에 붙은 연마성 먼지를 물에 떨어 내야 한다. 호스를 사용하지 않을 경우 먼저 스펀지에 물을 흠뻑 적셔서 차체 위에 다량의 물을 뿌린 다음 문질러야 한다. 만일 물이 충분치 않으면 먼지가 차체 도장면에 밀려다니면서 미세한 연마 입자처럼 흠집을 낸다. 처음 문지를 때에는 살살 문질러 되도록 먼지에 의한 연마 현상을 줄여야 한다. 특히 수평면 구조상 먼지가 많이 쌓이는 천장, 엔진 후드, 트렁크는 신경 써야 한다.

스펀지 대신 솔을 쓰기도 하는데, 솔은 무조건 부드러워야 한다. 돼지털이 최고다. 화장실 타일 바닥을 닦는 뻣뻣한 나일론 솔은 흠집을 아주 잘 낸다. 스펀지 없이 걸레로만 닦기도 하지만 좋은 방법은 아니다. 특히 집에서 쓰던 젖은 걸레 두세 개로 차 위에 쌓인 먼지를 닦아 내는 간이 세차법은 먼지가 걸레 밑에서 밀려다니면서 흠집을 많이 만들기 때문에 피해야 한다.

마지막에 깨끗한 물로 닦아 낸 뒤 마른 걸레로 물기를 없애 줘야 한다. 물기가 남은 채 마르면 물에 녹아 있던 광물질 때문에 물 얼룩이 진다. 걸레는 많이 사용해서 보푸라기가 다 빠져 버린 융 걸레를 쓰는 것이 좋다. 융 걸레보다 우수한 흡수력을 자랑하는 세차 전용 합성섬유 걸레도 나와 있다. 몇 가지를 써 봤는데 가격과 품질에서 세무 같은 느낌의 극세사 부직포 걸레가 최고다. 초극세사로 짜 만든 걸레(스포츠용 타월로 많이 나온다)는 흡수력이 매우 좋은데 값이 좀 비싼 게 흠이다. 극세사 부직포 걸레는 다른 부직포들과 달리 빨아도 물에 풀어지지 않아 세탁해서 수십 번 다시 사용할 수 있다. 물기를 쥐어짜도 걸레가 쉽게 찢어지지 않고 흡수력도 좋다. 대체품 중에 반질반질한 느낌의 부직포 걸레도 있는데, 수명은 길지만 흡수력이 형편 없이 나빠서 물기가 흡수되기는커녕 걸레에 의해 이리저리 밀려다닌다.

폭 3cm 정도의 페인트 붓에서 털 길이를 반으로 잘라 만든 세차 전용 붓도 하나 있으면 좋다. 털을 묶은 바로 위가 금속 띠로 되어 있다면 청테이프를 감아서 세차중에 페인트에 닿아도 흠집이 나지 않도록 한다. 세차용 붓은 엠블럼 글씨, 유리창 틈새, 번호판의 글씨 사이 등 세세한 부분의 먼지를 닦을 때에 유용하다. 세세한 부분을 닦는 데 칫솔을 사용할 수도 있는데, 칫솔은 조금만 심하게 문지르면 뻣뻣한 솔에 의한 흠집을 남긴다.

2) 세제

가장 좋은 세제는 자동차 세차용으로 나온 전용 샴푸인데, 구하기가 무척 어렵다. 전용 샴푸 대신에 주방용 액체 세제를 사용해도 괜찮다. 빨래할 때 쓰는 가루 세제는 금물이다. 절대 사용해서는 안 될 세제는 '홈스타', '지프' 같은 연마제 함유 세제이다. 이런 것을 한번 사용하게 되면 엄청난 흠집 때문에 차 표면이 무광택 페인트가 되어 버린다. 'PB-1' 같은 스프레이식 산업용 계면활성제는 사용하기 편리하고 엄청난 세척력을 자랑하지만, 자동차 페인트에 사용할 경우 아주 잘 헹궈 내지 않으면 얼룩이 남으므로 되도록 쓰지 않는 것이 좋다.

차체가 햇볕 아래에서 열을 받고 있으면 세제 거품으로 닦은 뒤 말라붙기 전에 재빨리 물로 헹군다. 특히 어두운 색 계열의 차는 햇볕을 쬐면 열을 쉽게 받기 때문에 더욱 빨리 해야 한다. 일단 세제가 말라붙으면 얼룩이 지고, 이 것은 여러 차례 세차해야 겨우 지워지기 때문에 아예 얼룩이 생기지 않도록 주의해야 한다. 천장, 앞쪽, 뒤쪽, 문짝 등으로 나눠서 차례대로 비누칠하고 물을 뿌려서 헹구고 하는 식으로 부분 작업을 해야 비누 거품이 말라붙는 것을 막을 수 있다. 가장 좋은 방법은 차를 그늘에 세우고 차체를 충분히 식힌 뒤에 세차하는 것이다.

세제는 아닌데, 스프레이 병에 들어 있어서 "세척과 왁스를 동시에"라는 선전 문구로 광고하는 제품이 있다. 주유소에서 기름 넣을 때에 판촉원들이 나와서 한 통에 오천 원 정도에 판다. 성분을 보면 계면활성제와 수성 왁스를 혼합해 놓은 것이다. 계면활성제가 세척 쪽을, 수성 왁스가 왁스 칠 쪽을 맡는다. 이 제품은 세척력이 거의 없다. 왁스 효과도 신통치 않다. 고체 왁스로 입힌 뒤에 두 주일에 한 번쯤 왁스 피막을 보충한다는 생각으로 사용하면 된다. 그러나 값에 비해 쓸모가 적은 제품이다.

셀프 세차

셀프 세차장. 보통 세 개의 세차 베이(bay)를 갖추고 있다. 무인 영업이 가능하므로 24시간 여는 곳이 많다.

셀프 세차는 자동판매기처럼 세차 기계에 동전을 넣으면 작동한다. 오백 원을 넣으면 고압수나 비누 거품이 나오는데, 그것으로 사용자가 직접 차를 닦는 방식이다. 승용차 운전자도 많이 오지만 다른 세차장, 특히 기계 세차장에서 푸대접받는 대형 승합차나 개인트럭 운전자들이 자주 찾는다. 개인택시 기사도 빼놓을 수 없는 고객이다.

차를 세차 칸에 세운 뒤에 원하는 종류(세제 섞인 물, 맹물, 수성 왁스 섞인 물)를 선택하고 기계에 동전을 넣으면 해당하는 물이 나온다. 처음에는 세제 섞인 물로 닦고, 나중에 헹굴 때는 맹물을 사용한다. 수성 왁스가 섞인 물은 건조 뒤에 발수 효과를 내긴 하는데 큰 효과는 없다. 또 물의 압력이 꽤 높아서 엠블럼이나 휠캡 등에 가까이 대고 분사하면 엠블럼이 떨어지거나 휠캡의 페인트 막이 벗겨져 들뜨기도 한다. 어느 부위든 20cm 이상은 떨어져서 분사하는 것이 좋다.

깨끗이 닦으려면 세제 거품은 넉넉히 쓰는 것이 좋다. 어떤 사람은 거품이 나오는 동안 차 곳곳에 거품을 미리 발라 놓은 후 시간이 지나서 거품이 더 나오지 않는 솔로 천천히 문지르기도 하는데, 세제가 적으면 때가 깨끗이 닦이지 않는다. 나는 세제 섞인 물 1회-거품 2회-헹굼 2회를 기본 코스로 한다.

세차 칸에서 다 닦은 뒤에 옮겨서 물기를 닦아 낸다. 걸레는 가져가야 하지만, 미처 준비하지 못했으면 세차장에서 파는 것을 사면 된다. 세차장에는 부직포 걸레, 고체 왁스, 수성 왁스 등 세차에 필요한 물건들이 구비되어 있는데, 가격이 할인매장에서 살 때보다 조금 비싸다.

물기를 닦는 곳에는 진공청소기가 있다. 집에서 사용하는 것보다 강력한 청소기이므로 바닥에 낀 모래나 틈새로 들어간 과자 부스러기를 빨아 내는 데에 좋다.

02 | 왁스와 코팅
자동차 표면의 페인트가 산화하는 것을 막는다

왁스 칠은 자동차 표면의 페인트가 산화하는 것을 막고 비가 왔을 때에 먼지가 잘 떨어지도록 하기 위해서 한다. 사람들이 별로 중요하게 여기지는 않지만 부수적으로 광택을 좋게 하는 효과도 조금은 있는데, 미미하기 때문에 기대하지 않는 것이 좋다. 왁스 칠이 잘 된 표면은 빗방울이 떨어지면 퍼지지 않고 이슬처럼 맺히는 발수 효과를 낸다.

왁스 칠은 상황에 따라서 1개월에서 3개월마다 다시 해 주어야 한다. 자동차를 특별히 아끼는 사람이 아니라면 왁스 칠 하는 것도 귀찮은 일이다. 이런 사람을 위해서 코팅제가 나와 있다. 코팅제는 왁스 칠만큼 발수 효과가 지속되지는 않지만 페인트의 산화를 막고 광택을 지속시킨다고 광고하는데, 그다지 믿을 만하지는 않다. 코팅이 처음 나왔을 때에는 정말 두꺼운 투명 코팅을 카센터에서 해 주기도 하였는데(그 성분은 시판 코팅제와는 좀 다르다), 이 코팅은 차체의 열팽창을 쫓아가지 못하고 갈라지며 벗겨지기 때문에 결국에는 사라졌다. 코팅제나 기타 피막은 필요한 한도 안에서 얇으면 얇을수록 좋다.

광택은 두꺼운 코팅제를 입혀서 효과를 볼 수 있는 일이 아니다. 한 번 코팅으로 자잘한 흠집이 싹 제거되고 거울 같은 차가 나오는 것처럼 광고하는 제품이 있는데, 실제 써 보면 기대에 미치지 못한다. 광택의 기본은 페인트가 반반하게 될 때에까지 갈아 내는 것이다. 당연히 광택 작업을 너무 즐기다 보면 나중에는 페인트가 닳아 밑칠이 비쳐 나오기도 한다.

왁스

왁스(wax)라는 말은 흔히 밀랍(beeswax)으로 번역한다. 밀랍은 꿀벌이 집을 만드는 재료이다. 더러 가구 보호용 스프레이 왁스 중에 실제로 밀랍이 배합된 것이 있기도 하지만, 자동차용 왁스로 인기 있는 재료는 카나우바 왁스(carnauba wax; 식물성 왁스의 일종)이다.

이 왁스는 한 번 칠하면 꽤 오래간다. 왁스 칠의 수명은 비가 별로 오지 않고 흙먼지만 쌓여서 물 세차가 별로 필요 없는 곳에서는 석 달까지도 가지만, 갖가지 기름먼지가 많이 붙고 비누 세차를 자주 해야 하는 곳에서는 한 달도 버티기 힘들다. 아무튼 왁스 칠은 비누 세차에 의해 조금씩 씻겨져 나간다.

자동차용 왁스의 주성분은 카나우바 왁스와 용제다. 용제는 왁스를 연화시켜 바르기에 좋도록 무르게 해준다. 일단 바르면 용제는 증발하여 없어지고, 왁스는 경화된다.

왁스를 오래 쓰다 보면 용제가 모두 증발해서 거북 등처럼 갈라지거나 가운데만 움푹 패여서 사용하기에 불편하다. 그럴 때에는 큰 냄비에 왁스 깡통의 절반쯤 높이로 물을 붓고 끓인 뒤에 뚜껑을 잘 닫은 왁스 깡통을 담가서 중탕을 한다. 3분쯤 뒤에 뜨거운 왁스 깡통을 꺼내서 평평한 곳에 놓아 식힌다. 그러면 왁스가 녹아 갈라진 부분이 붙고, 복판의 패인 부분도 평평하게 된다.

1) 왁스의 선택

왁스를 선택할 때에 가장 중요한 것은 연마제 성분이 있는지 없는지이다. 깡통에 든 왁스는 크게 두 가지로 나뉜다. 유색 페인트용과 메탈릭 페인트용이다. 유색 페인트용은 특히 검은색 차용과 흰색 차용을 주의하여 선택해야 한다. 검은색 차용 왁스는 자주색, 갈색 등 어두운 색 계열에, 흰색 차용 왁스는 노란색, 크림색 등 밝은

자동차용 왁스의 주성분은 카나우바 왁스와 용제다.

색에도 사용할 수 있다. 검은색 차용 또는 흰색 차
용이라고 지정되어 있는 왁스에는 연마제 성분이
들어 있다. 반면 메탈릭 페인트(metallic paint)에
사용할 수 있다고 지정된 왁스에는 연마제 성분이
전혀 들어 있지 않다.

메탈릭 페인트는 페인트에
양감을 주기 위해서 미세한
알루미늄 메탈릭 입자를 배합
한 것이다. 은색, 진주색, 메탈
릭 청색, 메탈릭 갈색 등등 메탈릭 페인트의 종류는 퍽 많

가장 흔한
고체 왁스(왼쪽)와
물 왁스(오른쪽).

다. 메탈릭 페인트는 자동차의 곡선과 양감을 잘 살려 주
기 때문에 자동차 디자이너들이 매우 좋아한다. 모터 쇼에
가 보면 거의 모든 전시 차량들이 메탈릭 페인트로 칠해져
있다.

그런데 이 메탈릭 페인트는 배합된 알루미늄 입자가
공기 속에서 산화되어 페인트 색이 칙칙해지는 흠이 있
다. 알루미늄 입자의 산화를 막기 위해서 메탈릭 페인트
를 쓸 때에는 바탕 색상을 칠한 뒤 그 위에 투명 페인트
(클리어 코트)를 한 겹 더 칠한다. 이처럼 투명 페인트
를 칠하는 과정이 더 따르므로 어떤 자동차 메이커는 차
를 살 때에 메탈릭 페인트를 선택하면 추가 비용을 받기
도 한다.

앞서 말했듯이, 메탈릭 페인트용 왁스가 아닌 흰색 차용
이나 검은색 차용 왁스에는 미세한 연마제 가루가 배합되
어 있다. 연마제는 왁스 칠 할 때에 페인트를 조금씩 연마
하여 광택이 나도록 한다. 그러므로 이런 왁스를 너무 자
주 사용하면 나중에 페인트가 닳아 밑칠이 드러나는 일이
있다.

연마제가 함유된 흰색 차용이나 검은색 차용 왁스를 메
탈릭 페인트에 사용하면 연마분이 클리어 코트를 마모시
켜 끝내 메탈릭 페인트 자체가 공기 중에 노출되는데, 이

런 일이 자꾸 되풀이되면 색이 칙칙하게 변한다. 따라서 메탈릭 페인트에는 연마제가 전혀 함유되지 않은 메탈릭 페인트용 왁스만 사용해야 한다. 메탈릭 페인트용 왁스는 흰색이나 검정색 차에도 물론 사용할 수 있다. 오히려 이런 연마제 없는 왁스를 쓰는 것이 낫다.

왁스는 한 통에 몇천 원 하는 것부터 몇만 원 하는 것까지 다양한 제품이 있다. 물론 비싼 것이 더 좋다. 고급품인지 저급품인지에 따라 왁스 피막의 수명에 차이가 있지만, 예닐곱 배에 이르는 높은 가격을 상쇄할 만큼 차이가 많이 나는 것 같지는 않다. 중간 가격대의 제품들이 무난하고 경제적이다. 다만 흰색이나 검정색 차량용 왁스만은 고가의 옥시 레인마크 왁스를 추천하고 싶은데, 그것은 연마제 입자가 아주 곱기 때문이다. 염가형 왁스들은 연마제 입자가 굵기 때문에 흰색 차에 써 보면 표면의 때가 쓱쓱 갈려 나가서 작업은 수월하지만, 자주 쓰다 보면 밑칠이 드러난다. 게다가 연마분이 지나가면서 생긴 미세한 흠집도 남아, 품위 있는 깊은 광택을 추구하는 사람에게는 적합하지 않다.

시중에서 판매되는 '흠집 제거제'에 대한 정보도 중요하다. 흠집 제거제는 100% 연마제로 만든 것이다. 흠집이 난 깊이까지 페인트 표면을 갈아 내면 흠집이 없어진다. 너무 깊이 난 흠집까지 갈아 내려고 하면 밑칠이 드러날 만큼 페인트가 닳는다. 대부분의 흠집 제거제는 연마제의 입자가 너무 굵어서 흠집을 제거한 뒤에 연마제가 굵고 지나간 자국이 눈에 띄고 광택이 살지 않는다. 따라서, '터틀 왁스(Turtle Wax)' 등 유명 메이커에서 나오는 폴리싱 컴파운드(polishing compound)같이 입자가 미세한 연마제라면 괜찮지만, 불확실한 메이커의 제품은 피해야 한다.

물 왁스라고 하는 스프레이식 왁스는 물과 에멀젼 왁스를 혼합한 것이다. 이것은 유성인데도 물에 잘 분산된다. 물 왁스는 주로 기사식당 세차원과 직업 기사들같이 본격

적인 왁스 칠까지 할 시간이 없거나 빠른 시간에 처리해
야 하는 사람들이 많이 사용한다. 특히 고체 왁스와 달리
물 왁스는 차체에 물기가 남아 있을 때에 뿌린 뒤 물기를
닦아 내면서 함께 문지르면 그대로 왁스가 입혀진다. 물
왁스의 피막은 일단 물이 마른 뒤에는 유성으로 전환되므
로 비가 내리더라도 왁스 피막이 모두 씻겨 내리는 일은
없다. 물 왁스의 피막 두께는 매우 얇아 발수 효과가 지속
되는 기간도 잘 해야 일 주일쯤에 지나지 않는다. 그리 비
싼 편도 아니니까 그때그때 틈이 나면 한 통씩 사서 쓰면
나쁘지는 않겠지만, 자동차 운전이 본업이 아닌 다음에야
그렇게 자주 물 왁스를 뿌리고 문지를 틈은 아마 나지 않
을 것이다. 가끔씩 시간을 충분히 내서 고체 왁스 칠을 하
는 것도 좋다는 말이다.

2) 바르는 방법

왁스 칠은 기술이라기보다는 정성이다. 얼마나 꼼꼼하
게 빠진 곳 없이 바르느냐가 첫째 비결이다. 둘째는 왁스
를 칠하지 않아야 할 곳을 얼마나 세심하게 피했는가 하는
것이다.

왁스를 바르기 전에 먼저 물 세차로 차를 깨끗이 닦은
뒤에 물기를 없애야 한다. 세제를 사용한 본격적인 세차가
좋다. 가능하다면 차를 그늘에 세우고 차체를 충분히 식힌
다. 반대로 영하의 날씨가 계속되는 겨울에는 왁스를 발라
도 잘 퍼지지 않기 때문에 왁스 작업이 거의 불가능하다.
이때는 날이 따뜻해지기를 기다리거나 지하주차장에 차를
오랫동안 세워서 충분히 데운 뒤에 발라야 한다. 그런데
아파트 지하주차장은 너무 어두워서 왁스를 고르게 잘 발
랐는지 확인하기 어렵다. 이래저래 겨울은 세차와 왁스 칠
하기에는 힘든 계절이다.

깡통 왁스에는 언제나 둥그런 스펀지가 함께 들어 있다.
잃어버리면 비슷한 종류를 구하기가 힘들기 때문에 잘 보

왁스 바르기
1. 차를 물 세차로
깨끗이 닦은 뒤에
물기를 없앤다.
2. 차를 그늘에 세우고
차체를 충분히 식힌다.
3. 스펀지에 왁스를
적당히 묻힌다.
4. 천장부터 시작해서
스펀지 크기 정도로
동그라미를 그리며 바른다.
5. 바른 왁스는 30분
이상 충분히 말린다.
6. 융 걸레를 두툼하게 접어서
닦아야 고르게 닦인다.
7. 왁스를 닦아 낼 때에는
너무 힘을 주지 않는다.
8. 왁스를 닦아 낼 때에
철판 가장자리에 특히
주의를 기울인다.
9. 엠블럼 글자 틈새에
남아 있는 왁스 찌꺼기는
빳빳하고 마른 돼지털
붓으로 문질러 준다.

관해야 한다. 시판하는 큼지막한 세차용 스펀지는 밀도가 너무 낮아서 무르기 때문에 좋지 않다.

왁스 뚜껑 테두리에 쇠붙이를 비집어 넣어서 여는데, 손쉽게 자동차 열쇠를 이용해도 된다. 가정용 열쇠는 쉽게 휘어지므로 사용하지 않는 것이 좋다. 대신 십원짜리 동전은 쓸 만하다.

먼저 스펀지에 왁스를 적당히 묻힌다. 조금 묻히면 왁스 칠의 효과가 적고, 많이 묻히면 나중에 닦아 낼 때에 융 걸레를 여러 장 사용해야 한다. 그래도 부족한 것보다는 넉넉한 것이 낫다. 천장부터 시작해서 스펀지 크기 정도로 동그라미를 그리며 바른다. 바를 때에는 힘은 조금만 주고 한 군데를 두 번 바른다는 생각으로 빠진 곳 없이 바른다. 꼭 어디부터 발라야 한다는 법칙은 없지만, 만일 문짝이나 펜더(바퀴 윗부분의 철판)부터 먼저 발라 놓으면 천장이나 엔진 후드를 작업할 때에 옷에 왁스가 묻는다. 옷 이야기가 나왔으니 하는 말인데, 왁스 칠 할 때에는 바지의 벨트 버클이나 단추가 차체에 흠집을 내지 않도록 옷을 신경 써서 입어야 한다. 셔츠를 밖으로 내어 입는 것도 좋은 방법이다.

왁스를 바를 때에 두 번째로 중요한 것이 피할 곳을 제대로 피하는 것이다. 가장 주의할 곳은 무광 검정 플라스틱 부분이다. 엔진 그릴의 내부, '액센트'의 검정색 리어뷰 미러, '슈마'의 번호판 둘레 같은 부분이 여기에 해당된다. 왁스가 묻으면 허옇게 되어 보기에 흉한데, 나중에 따로 닦아 낼 수는 있지만 힘들다. 그 다음으로 피해야 할 곳은 차 이름을 나타낸 엠블럼이다. 엠블럼 글자 사이사이로 왁스가 묻으면 나중에 융 걸레로 세세하게 닦아도 찌꺼기가 남기 때문에 보기에 좋지 않다. 특히 검정색 차에서는 뚜렷하게 나타난다. 엠블럼 주변에 왁스를 칠할 때에는 스펀지에 최소한의 힘만 줘서 글자 틈새로 왁스가 끼여 들어가는 것을 방지한다. 옛날

자동차들은 테일 램프(tail lamp; 미등, 테일라이트)에 메이커 이름, 형식 번호 등을 양각으로 새겼는데, 여기에도 왁스 찌꺼기가 들러붙는다. 다행히 요즘 차들은 이런 분류 기호를 테일 램프 안쪽 면에 새기기 때문에 왁스 찌꺼기가 낄 여지가 없다.

왁스를 바를 때에 스펀지가 웬만큼 더러워지는 것은 정상이지만, 시커멓게 때가 끼는 것은 그 동안 세차를 제대로 하지 않았다는 뜻이다. 세제를 충분히 써서 닦은 뒤라면 스펀지가 거의 더러워지지 않는다. 왁스 칠 하는 도중에 스펀지를 땅에 떨어뜨렸으면 흙먼지가 묻은 쪽은 절대로 사용해서는 안 된다. 흙먼지가 흠집을 만들기 때문이다. 흙먼지가 묻지 않은 쪽으로 왁스 칠을 계속한다.

일단 바른 왁스는 30분 이상 충분히 말린다. 건조 시간이 충분하지 않으면 나중에 왁스 피막의 수명이 길지 않다. 건조시킬 때에 흙먼지가 왁스 위에 달라붙어 있으면 나중에 닦아 낼 때에 흠집의 원인이 되므로, 왁스 칠은 흙먼지가 적은 장소에서 시작하는 것이 좋다. 바람이 많이 부는 날과 학교 운동장 곁처럼 모래가 많은 곳은 피하고 봐야 한다.

닦아 낼 때에는 융 걸레를 사용하는 것이 좋다. 세차할 때에 사용하는 부직포 걸레는 이 용도로는 적합하지 않다. 왁스를 닦아 낼 때에 사용하는 융 걸레와, 물 세차할 때에 물기를 닦아 내는 걸레는 구분해서 써야 한다. 특히 왁스용 걸레로 유리창을 닦으면 유리에 얇은 유막이 남아서 와이퍼 작동시에 앞유리가 뿌옇게 되어 운전에 지장을 준다.

왁스를 닦아 낼 때에는 너무 힘을 주지 않도록 한다. 알고 보면 왁스 칠은 광택을 내려고 하는 것이 아니다. 기름기 있는 왁스가 남아 있으면 먼지도 흡수하고 광택도 나지 않기 때문에 굳이 닦아 내는 것뿐이지, 닦는 과정에서 광택이 나는 것은 아니다. 힘을 세게 준다고 왁

일단 바른 왁스는 30분 이상 충분히 말린다. 건조 시간이 충분하지 않으면 나중에 왁스 피막의 수명이 길지 않다.

스 칠이 더 잘 되는 것도 아니고 광택이 향상되는 것도 아니다. 닦아 낼 때에는 융 걸레를 최소 여덟 겹 이상 두툼하게 접어서 닦는다. 사람의 손바닥은 평면이 아니어서 압력이 고르게 분포되지 않아 융 걸레를 얇게 해서 닦으면 덜 문지른 곳이 생긴다. 융 걸레를 두툼하게 접어서 닦아야 고르게 잘 닦인다. 융 걸레에 잉여 왁스가 많이 묻어 있으면 차체에서 잉여 왁스를 더 닦아 내지 못하게 되므로, 융 걸레는 다른 면이 나오도록 자주 새로 뒤집어서 닦는다.

왁스를 닦아 낼 때에는 철판 가장자리에 특히 주의를 기울여야 한다. 왁스를 칠할 때에 스펀지에 힘을 많이 주면 차체 철판 가장자리로 왁스가 많이 밀려 들어간다. 그것을 제대로 닦아 내지 않으면 나중에 하얗게 남아 차의 모양새를 해친다. 문은 물론이고 엔진 후드, 트렁크와 연료주입구 뚜껑까지 모두 열어서 가장자리를 융 걸레로 문질러 왁스를 깨끗이 닦아 내야 한다.

왁스를 바를 때에도 엠블럼에 너무 묻지 않도록 주의해야 하지만, 닦을 때에도 한 번쯤 더 세세하게 관찰하고 닦아 준다. 왁스 찌꺼기가 엠블럼 글자 틈새에 많이 들어가 있으면 빳빳한 돼지털 붓(세차할 때에 쓰려고 만들어 둔 것) 마른 것으로 문질러 준다. 융 걸레로 닦을 때에, 문이나 범퍼의 몰딩 가장자리도 왁스가 남기 쉬운 부분이므로 잘 닦아 준다. 물론 차체 곡면 중에서 오목한 부분도 그냥 쓱 문지르면 왁스가 남기 마련이므로 신경 써야 한다.

왁스 칠을 해 보면 장식이 적은 소형차에 비해 각종 몰딩과 엠블럼, 미묘한 요철로 무장된 고급 차의 왁스 칠이 얼마나 힘든지 실감할 수 있다.

시거 라이터 잭에 꽂아 사용하는 모터 제품들

자동차 용품점에는 자동차의 시거 라이터를 빼고 그 잭에 꽂아 사용하는 모터 제품들이 많다. 회전하는 스펀지로 왁스를 바르는 광택기, 진공청소기, 타이어에 공기 넣는 펌프 따위가 있는데, 그 중에서도 특히 광택기는 구입할 때에 신중해야 한다.

광택기(사실 왁스 칠만으로는 광택이 나지 않으므로 '광택기'라는 표현은 틀린 것이지만)에는 왁스를 바를 때에 쓰는 스펀지, 왁스를 닦아 낼 때에 쓰는 털 패드가 함께 들어 있다. 이것은 전문 업소에서 사용하는 폴리셔(polisher)를 모방해서 소형으로 만든 제품이다. 정식 폴리셔는 110V나 220V 콘센트에 꽂아 사용하는 것으로 900W 정도의 전력을 소비한다.

자동차 시거 잭은 전압이 12V이고 최대로 끌어 낼 수 있는 전류는 10A 정도이다. 15A짜리 퓨즈가 들어 있으므로 더 큰 전류를 끌어 내려고 시도하다가는 퓨즈가 끊어지기 십상이다. 그래서 시거 잭에서 끌어 낼 수 있는 최대 전류는 120W이다. 그나마 시판되는 광택기들은 이 정도 용량에도 미치지 못한다.

정식 폴리셔에 견주어 사용할 수 있는 전력이 제한되므로 힘이 부족한 것은 어쩔 수 없다. 좀 의욕적으로 왁스를 바르려고 힘을 주면 회전이 멈출 정도이다. 나중에 왁스를 닦아 내는 데에 필요한 털 패드도 들어 있는데, 이것을 끼우고 돌려 보면 왁스를 전혀 닦아 내지 못하고 그대로 멈춰 버린다. 충고하건대, 돈을 낭비하기 싫다면 자동차용 시거 잭에 꽂아 사용하는 광택기는 사지 않는 것이 좋다.

광택기와 달리 진공청소기는 그런 대로 쓸 만하다. 역시 전력 공급의 제한은 극복할 수 없어서, 흡입력이 가정용 소형 진공청소기와 비교가 되지 않을 만큼 떨어진다. 신용카드 회사의 통신판매용 카탈로그를 보면 오백 원짜리 동전을 빨아들일 수 있다고 자랑하는데, 빨아들이기는 하지만 그 흡입력은 역시 기대에 훨씬 밑돈다. 차 트렁크에 가지고 다니면서 대시 보드(앞유리창 안쪽 밑부분과 이어진 플라스틱 보드)나 오디오에 쌓인 먼지를 빨아들인다든지, 시트 틈새에 낀 과자 부스러기를 빨아들이는 정도로 만족해야 한다. 본격적인 바닥 청소나 시트의 먼지 흡입은 불가능하다. 사용해 본 몇 가지 제품 중에서 미국의 블랙 앤 데커(Black & Decker) 제품이 월등히 좋았다. 가격은 좀 비싸지만, 성능이 떨어지는 싸구려를 구입하는 것보다 오히려 경제적이다.

코팅제

코팅제는 왁스와 달리 합성수지계 피막을 남긴다. 사용하는 합성수지의 종류에 따라 실리콘계, 테프론계, 우레탄계가 있다. 실리콘계는 왁스처럼 발수 효과를 노린 것이다. 코팅제라고 부르기도 뭣할 정도로 코팅 막의 수명이 짧다. 게다가 실리콘 수지가 자동차의 페인트 속으로 조금씩 침투하는 부작용까지 있다.

테프론계는 미국 화학회사 듀퐁의 테프론 수지를 사용한 것이다. 테프론 수지는 양초와 비슷해서 문지르면 매우 얇은 피막을 남긴다. 메이커에서는 3개월에 한 번만 발라 주면 된다고 광고하지만, 실제로 써 보면 발수 효과가 지속되는 것은 1주일 정도에 지나지 않고 광택도 나아지지 않는다. 왜 사용하는지 알 수 없는 제품이다.

우레탄계는 자동차에 입혀지는 페인트가 우레탄계라는 것에 착안해서 친화성이 높은 수지로 구성된 것이다. 다른 효과보다도 잔 흠집 제거가 주목적이다. 어떤 제품은 차량 색상과 비슷한 색의 안료가 배합되어 있어 코팅제를 지속적으로 사용하는 것만으로도 자동차의 원래 색을 유지할 수 있다고 하는데, 실제로 써 본 결과 전혀 효과가 없었다. 흰 차에 아무리 발라도 시간이 지나면 때가 타는 것을 경험했다.

코팅제는 왁스 칠과 호환성이 없다. 왁스 칠을 한 위에다 코팅제를 입히면 코팅제 수명은 왁스 칠과 같게 되고, 코팅한 위에 왁스 칠을 하면 왁스가 잘 칠해지지 않는다. 코팅제는 왁스 칠을 자주 할 만한 시간적 여유가 없는 사람들이 쓰기에 적당하다. 왁스만큼의 효과는 없지만 아무것도 하지 않는 것보다는 낫다. 코팅 작업을 해도 왁스 칠한 뒤처럼 매끄러운 느낌은 없는데, 그게 정상이다.

코팅제를 칠하는 방법은 왁스 칠과 비슷하다. 코팅 작업을 하기 전에 깨끗이 비누 세차를 한 뒤에 차체를 충분히 식힌다. 그늘에 차를 세울 수 없으면 아침 일찍이나 오후

실리콘계 코팅제는 오래 사용하면 페인트 내부로 실리콘 수지가 확산되어 들어가는데, 나중에 차체가 손상되어 부분 보수 도장을 할 때 실리콘 수지 때문에 페인트의 부착성이 극히 불량해져서 문제가 된다.

코팅제를 칠하는 방법은 왁스 칠과 비슷하다.

늦게 해서 햇볕으로 차체가 달구어지는 것을 피한다. 코팅제의 종류에 따라 원액 그대로 바르는 것이 있고, 물을 축인 스펀지에 일단 코팅제를 묻힌 뒤에 물기 있는 채로 바르는 것이 있다. 보통 스펀지는 코팅제에 딸려서 나온다. 스펀지가 없으면 융 걸레 같은 것을 사용해 크게 원을 그려 가면서 코팅제를 고르게 입힌다. 스펀지를 물에 축여 사용하는 종류의 코팅제는 바를 때에 차체에 고르게 입혀지지 않고 방울지는데, 그것이 정상이다. 삼십 분쯤 지나서 코팅제가 다 마르면 마른 융 걸레로 뿌연 자국이 없어질 만큼만 힘을 줘서 닦아 낸다.

코팅제는 만능 약품이 아니고 아주 자잘한 긁힘 정도만 처리할 수 있을 뿐이다. 케이블 TV 광고에 나오는 것처럼 열쇠에 긁힌 자국을 감쪽같이 없애는 코팅제는 결코 없다. 끝으로 여러 종류의 코팅제 중에서 가장 나은 것을 추천한다면 우레탄계를 권하고 싶다.

유리코팅

유리코팅제들.
미제 '레인 엑스' 와
국산 '레인OK'.

유리코팅을 하면, 비가 올 때에, 빗물이 유리에 좍 퍼지지 않고 이슬처럼 방울지기 때문에 시야가 덜 어른거린다. 실제로 효과가 확실해서, 돈이 아깝다는 생각은 들지 않는다.

어떤 유리코팅제 광고를 보면 앞유리의 빗물이 방울지며 바람에 의해 위로 밀려 올라가서 와이퍼 없이도 깨끗한 시야를 확보한다고 하는데, 그건 거짓말이다. 빗물이 위로 밀려 올라갈 만큼의 바람이 생기려면 적어도 90km/h는 달려야 하는데, 빗길에 그렇게 밟는 것은 일단 위험하다. 그리고 차가 언제나 그렇게 고속으로만 달릴 수 있는 것도 아니다. 그래도 광고만큼은 아니나 그 효과는 충분하다.

비가 오면 빗물이 유리에 균일한 두께로 흐르지 않기 때문에 빛을 굴절시켜 물체를 파악하기 어렵게 만드는데, 유리코팅제를 사용하면 물과 유리의 친화성을 낮춰서 물이 유리에 퍼지지 않고 방울져서 쉽게 흘러내린다. 곧, 물이 유리의 많은 부분을 차지하지 않기 때문에 굴절 없는 시야를 확보할 수 있다.

유리코팅제는 모든 유리와 투명 플라스틱에 사용할 수 있다. 왁스처럼 물이 방울지는 발수 효과를 생각하고 차체에도 바르려는 사람이 있는데, 일부의 보수 도장한 자동차 페인트를 녹이기 때문에 차체에는 바르면 안 된다. 또 그와 반대로 유리코팅제 효과를 노리고 왁스를 유리에 발라서도 안 된다. 만일 왁스를 유리에 바르면, 뿌옇게 될 뿐 고르게 코팅되지 않고 기름 자국처럼 남아서 특히 야간 시야에 문제를 일으키기 때문이다. 유리코팅제는 옆유리를 비롯하여 모든 유리와 리어뷰 미러, 헤드 램프(head lamp; 전조등, 헤드라이트)와 안개등 따위에 바를 수 있다. 사실 헤드 램프와 안개등에 바르는 것은 큰 효과는 없다. 그래도 나 같은 사람은 혹시나 하는 생각에서 뜬금없이 바르곤 한다.

유리코팅제를 와이퍼가 달린 유리에 바를 때는 주의해야 한다. 결론부터 이야기하자면, 나는 앞유리에는 코팅제를 바르지 않는다. 와이퍼가 유리 위에서 부드럽게 움직이려면 얇은 수막이 필요한데, 유리코팅제는 수막을 없애고 물방울로 응집시키기 때문에 와이퍼는 수막의 윤활 작용

유리코팅제를 와이퍼가 달린 유리에 바를 때는 주의해야 한다.

없이 마치 마른 유리 위를 움직이는 것처럼 뻑뻑하게 움직인다. 따라서 와이퍼가 유리 위에서 탁탁 튀며 지나가기 때문에 유리를 제대로 닦지 못한다. 어떤 사람은 유리코팅을 한 번 더 입히고, 와이퍼 고무에도 코팅제를 바르면 된다고 하는데, 나는 와이퍼가 마구 튀는 것에 질겁한 뒤로는 앞유리에 절대 코팅을 하지 않는다.

만일 앞유리에 코팅을 했는데 마음에 들지 않으면 치약으로 깨끗이 지울 수 있다. 유리에 치약을 충분히 짜고, 물을 조금만 축인 스펀지로 열심히 문지르면 된다. 문지르는 동안 물기가 마르므로 스펀지에 조금씩 물을 더해 주어야 한다. 치약은 그 안에 미세한 연마 성분이 있어서 코팅 막을 효과적으로 벗겨 낸다. 치약의 연마 성분은 매우 미세해서 유리창에 흠집을 남기거나 하지는 않는다.

치약으로 닦을 때에 코팅 막이 잘 벗겨졌는지 확인하려면 물을 뿌려 보면 알 수 있다. 물을 끼얹을 때에 물이 골고루 좍 퍼지는 부분은 코팅 막이 벗겨진 것인데, 여전히 방울지는 곳이 있다면 그 부분을 다시 치약으로 잘 닦아야 한다. 옥시의 유리코팅제 '레인OK'는 전용 제거제가 있어서 그것을 이용해 쉽게 코팅을 지울 수 있다. 다른 세제로는 코팅 막이 좀처럼 제거되지 않는다. '홈스타'나 '지프' 같은 가정용 연마세척제는 연마 입자가 굵기 때문에 절대로 사용해서는 안 된다. 이런 것으로 유리를 닦으면 대낮에 햇빛을 향해 주행할 때에 앞유리에서 엄청나게 많은 잔 흠집을 발견하게 된다.

자동차를 오래 타다 보면 앞차의 매연이나 잘못 뿌린 물왁스 등에 의해 유리창에 유막이 형성된다. 유막 제거에도 치약이 효과적인데, 유리코팅제와 함께 나오는 유리창 유막제거제를 사용하면 좀더 간편하다. 앞유리에 유막이 형성되면 평상시에는 문제가 없지만, 비 오는 날이면 와이퍼가 지나간 후 유리창이 미세한 물방울로 잠시 뿌옇게 되어 시야를 방해한다.

'홈스타'나 '지프' 같은 가정용 연마세척제는 연마 입자가 굵기 때문에 쓰지 말아야 한다.

유리코팅제는 제품이 다양한데, 성능이 서로 비슷비슷하고 1회 사용량이 매우 적기 때문에 용량에는 별로 신경 쓰지 않아도 된다. 나는 노란 통에 들어 있는 '레인엑스(Rain-X)'를 좋아한다. 다른 제품보다 코팅 막의 수명이 길다. 한 달에 한 번씩 코팅하라고 통에 씌어 있는데, 써 보면 한 번 코팅으로 4, 5개월은 거뜬히 버틴다.

유리코팅제를 사용하기 전에 유리를 깨끗이 물 세차 하고 다시 유리세정제('윈덱스'나 '창 닦는 하마' 등)를 사용해서 박박 문지른다. 유리를 잘 닦으면 코팅 막도 오래 간다. 코팅제를 바르는 방법은 제품에 따라 조금씩 차이가 있다. 기본은 융 걸레(일단 사용하면 다른 용도로는 쓰기 어렵기 때문에 큰 걸레를 잘라서 코팅 전용으로 쓰는 것이 좋다)에 코팅제를 적셔 유리에 바른 뒤 15분쯤 지나 코팅액이 마르면 다른 융 걸레로 문질러 깨끗해질 때까지 닦아 내는 것이다.

유리코팅제를 유리창 안쪽에 김 서림 방지용으로 바르는 것은 따로 있는데, 별로 효과가 없는 듯하다. 에어컨의 제습난방을 이용하면 김 서림 방지제를 따로 사용할 필요는 없다.

광택

광택 작업의 기본은 페인트를 연마해서 잔 흠집이 없어지는 깊이까지 깎아 내려가는 것이다. 흠집이 깊으면 그만큼 깊게 깎아야 흠집이 지워지므로, 그런 경우에는 광택 작업으로 흠집을 없앤다는 것이 무리이다. 다행히 깊은 흠집은 드무니, 자주 발생하는 얕은 흠집들이 사라질 만큼만 깎아도 광택은 훨씬 좋아진다.

어떤 광택집 광고에는 다른 광택과 달리 페인트를 연마하지 않는다고 써 놓았는데, 페인트를 연마하지 않는 광택 작업은 불가능하다. 차량의 관리 상태에 따라서 조금 깎아도 광택이 나는 경우도 있고, 상당량 깎아 내야 광택이 나는 경우가 있다. 얼마만큼 깎아 낼지를 판단하는 것은 작업하는 사람의 느낌이다. 실력이 모자라면 필요 이상으로 과다하게 깎아 내는 수가 있다.

광택 작업은 잔 흠집을 제거하는 것 외에도 표면의 산화된 페인트를 제거하여 차 본래의 색상을 되찾도록 해 주는 효과가 있다. 어떤 컬러 코팅제를 쓰는 것보다도 광택 작업을 한 번 해 주는 것이 확실하다. 하지만 광택 작업을 자주 할수록 페인트 칠이 얇아지므로 신중해야 한다.

광택 작업의 기본 장비는 전기 폴리셔(polisher)와 폴리싱 컴파운드다. 폴리셔는 전기 드릴과 비슷하게 생긴 장치 끝에 양털이나 스펀지로 된 폴리싱 패드를 물려 사용한다. 전기 드릴과 비슷하게 생겼지만 전용 폴리셔는 회전 속도가 느리다. 회전 속도가 너무 빠르면 깎아 내는 정도를 조절하기가 힘들어 자칫하면 지나치게 깎는 수가 있다.

1980년대 초에는 카센터에 '전기 광택'이라고 쓴 현수막이 많이 걸려 있었다. 당시에 나는 초등 학생이었고, 전기 광택이라면 차체에 양극과 음극을 연결한 뒤 전기 스파크를 튀겨서 광택을 내는 신공법일 것이라고 추측했다. 내가 전기 광택이 '전기 모터에 의해 돌아가는 폴리셔를 이용한 광택'임을 알게 된 것은 오랜 일이 아니다. 1980년대 초에는 전기 광택을 이전까지의 왁스 칠에 의한 단순 광택과 비교하기 위해 '노왁스 광택'이라는 말도 함께 사용했다.

광택 작업에 사용하는 폴리싱 컴파운드는 흔히 '컴파운드'라고 부른다. 미세한 연마 입자를 물이나 석유에 개어 놓은 우유색 액체이다. 전동 폴리셔말고도, 손으로 문질러서 광택을 내는 데에는 왁스처럼 생긴 반고체형의 컴파운드를 쓰기도 한다. 컴파운드에는 입자가 굵은 러빙 컴파운드(rubbing compound)와 입자가 고운 폴리싱 컴파운드(polishing compound)가 있다. 광택 작업에는 폴리싱 컴파운드를 사용한다. 집에서 자잘한 흠집을 지우기 위해 손 광택을 내려고 할 때에도 거친 러빙 컴파운드는 피해야 한다. 러빙 컴파운드는 철판에 생긴 녹을 없애거나 페인트를 벗겨 낼 때에 사용한다.

폴리싱 컴파운드 중에도 연마 입자가 굵은 것이 있고 가는 것이 있다. 연마 입자가 굵은 것은 페인트를 빨리 깎아 낼 수 있으므로 신속한 작업이 요구되는 광택 작업에 사용한다. 그러나 일이 빠른 대신 광택을 낸 뒤에도 연마 입자가 밀려다닌 흔적이 좍 남는 것은 감수해야 한다. 멀리서 보면 모르지만, 해가 선명한 날, 페인트에 반사된 빛을 보면 잔 흠집이 여러 방향으로 뻗어 있어서 마치 촘촘히 쳐진 거미줄처럼 보인다. 그래서 이 현상을 영어로는 스파이더 웹(spider web)이라고 부른다. 스파이더 웹을 지우려면 굵은 컴파운드로 작업한 뒤 더 고운 컴파운드로 단계적으로 내려가면서 마지막 잔 흠집까지 없애야 한다. 스파이더 웹은 어두운 색 차, 특히 검정색 차에서 두드러지게 보인다. 그래서 광택 전문 업소에서는 검정색 차의 작업이 어렵기 때문에 요금을 더 받는다.

업소에서 광택 작업을 할 때에 엠블럼 주변이나 차체의 섬세한 오목 부분처럼 폴리셔로 처리할 수 없는 세밀한 곳은 손으로 문질러 광택을 낸다. 손 광택은 융 걸레를 들고, 컴파운드를 바른 뒤 무작정 문지르는 것이다. 축축하던 컴파운드를 마른 뒤에도 계속 문지르면 광택이 난다.

손으로 광택을 낼 경우에는 한 번에 조금씩 진행해야 한다. 그러지 않고, 한꺼번에 하겠다고 해서, 이를테면, 엔진 후드 전체에 컴파운드를 다 발라 놓고서 시작하면 미처 문지르기도 전에 컴파운드가 말라 버리므로 광택을 제대로 낼 수가 없다. 손 광택은 시간이 많이 걸리기 때문에 차 전체를 손 광택으로 작업하는 것은 웬만한 정성이 아니면 불가능하다. 손 광택은 긁힌 곳을 부분적으로 보수 도장하는 정도에 그치는 것이 좋다.

'폴리셔' 로 하는 광택이든 손 광택이든 메탈릭 페인트에는 광택 작업을 자유롭게 할 수가 없다. 앞서 왁스의 종류를 이야기할 때와 마찬가지로 메탈릭 페인트는 페인트를 깎아 내는 광택 작업을 너무 심하게 하면 클리어 코트가 깎여 나가기 때문이다. 메탈릭 페인트의 차량에는 광택 작업을 가볍게 하는 정도에서 만족해야 한다.

03 | 실내 세차
실내 세차를 잘 하면 몇 년 동안 새 차 같다

실내 세차라고 하면 진공청소기로 바닥에 있는 먼지를 빨아들이는 것쯤으로 생각한다. 하지만 차를 사용함에 따라 실내에도 구석구석 때가 끼기 마련인데, 닦기 전까지는 모르지만 일단 닦고 나면 예전에 얼마나 더러웠는지 알 수 있다. 실내 세차를 잘 하면 몇 년 동안 새 차 같은 기분으로 탈 수 있다.

실내 세차는 자주 하기 힘들다. 세척제를 사용하는 대대적인 청소는 1년에 한 번쯤이면 충분하다. 두 달에 한 번쯤 젖은 걸레로 간단하게 시트와 계기반(대시보드), 도어 트림(door trim ; 문 내장재) 등 실내 전반을 닦아 주는 것으로도 효과는 좋다.

시트와 바닥을 전문적으로 세척해 주는 업체도 몇몇 있다. 그 방법은 회사나 호텔의 카페트를 세척하는 것과 같아서, 카페트용 샴푸를 분사한 뒤 전용 진공청소기로 더러워진 샴푸를 빨아 내는 방법이다. 전반적으로 깨끗하게 되지만 세척력에는 한계가 있다. 그리고 세세한 부분은 청소하지 못할뿐더러 도어 트림이나 대시 보드처럼 단단한 부분은 그런 방법으로 세척할 수 없다. 결국 차를 관리하는 사람의 노력에 따라 실내 청결은 좌우된다.

실내의 경우에 시트와 카페트는 물론이고 대시 보드와 도어 트림, 천장 등 보이는 모든 부분을 청소한다. 기둥 부분의 플라스틱 트림(외장재)도 빼놓을 수 없다.

실내 세차를 비롯해서 앞으로 나올 휠과 엔진룸 세척(하체 세차도 포함)은 욕심 부려서 닦으려고 하면 문제가 생긴다. 나는 전에 천장 내장재를 떼어서 집에 들어와서 깨끗이 닦고, 시트도 앞뒤 모두 떼어서 집에서 물과 세제로 깨끗이 닦은 적이 있다. 천장 내장재는 차에 붙은 채로 작업하면 작업 자세가 매우 힘들어서 떼어서 닦을 생각을 하였

다. 시트는 다행히 별 문제 없이 세척을 끝냈지만 천장 내
장재는 차에 다시 장착할 때에 고정하는 철판 클립의 절반
정도가 부러졌다. 말하자면 실패였다. 실내 세차를 할 때
에는 쓸 수 있는 세제라든지 작업 자세의 불편함 때문에
해당 부분을 떼어서 닦고 싶겠지만, 뜯지 않는 게 좋다.

하체 세차도 마찬가지다. 나의 실패담이다. 브레이크 캘
리퍼(디스크 브레이크의 디스크를 제동하는 부분)에 낀
브레이크 패드 먼지가 보기 싫어서 차를 들어올리고 휠은
떼어 낸 상태에서 세척제와 칫솔로 깨끗이 닦았는데, 칫솔
로 닦다가 주름고무로 덮여 있는 캘리퍼의 윤활 부분에 물
이 스며 들어간 것 같았다. 그 뒤 일 년쯤 지나서 심한 편
제동을 몇 차례 겪었다. 신호등에서 황색 신호를 보고 브
레이크를 밟았는데 차가 급작스럽게 오른쪽으로 꺾여 옆
의 차를 받을 듯해서, 결국 브레이크를 놓고 그냥 횡단보
도를 지나칠 수밖에 없었다. 원인을 찾지 못하고 있다가
다시 일 년쯤 지나서 카센터에서 캘리퍼의 윤활 부분을 뜯
어 보니 녹이 슬어서 고착되어 있었다. 캘리퍼 고착 때문
에 좌우 제동력이 같지 않아서 편제동 현상이 일어난 것이
다. 녹을 제거하고 새로 그리스를 주입했는데도 별로 효과
가 없었다. 할 수 없이 거금을 들여 양쪽 캘리퍼를 갈았더
니 괜찮아졌다.

내가 이런 경험에서 얻은 교훈은, 닦을 수 있는 부분만
닦고, 너무 무리해서 꼼꼼히 닦으려 하지 말아야 한다는
것이다.

준비물

세제는 실내 세척 전용으로 나온 거품식 스프레이가 좋
다. '직물 세척제' 나 '카페트용 세척제' 라고 용도가 명시
돼 나오기도 하는데, 둘 다 상관 없다. 거품식 세척제가 아
닌 일반 세척제는 시트와 천장을 세척할 때에 세제가 너무
많이 스며들어서 때가 빠진다기보다는 속으로 얼룩처럼

스며들어 버린다. 중성 세제를 탄 물을 사용할 수 있다고 도 하지만, 거품식 세제를 구하지 못했다면 실내 세척은 하지 않는 것이 좋다.

물걸레가 필요하다. 세제는 뿌리는 것으로 끝나지 않고 세제가 때를 녹인 뒤 물걸레로 닦아야 한다. 걸레는 닦을 때마다 더러워져서 여러 개가 필요하다. 시트 하나 청소하 는 데에 걸레가 하나쯤 필요하다.

그리고 털이 촘촘한 나일론 솔이 필요하다. 나일론 중에 는 직물에 사용하는 가느다란 나일론 실말고 좀 굵은 것으 로 칫솔 등 여러 가지 솔에 사용하는 것이 있다. 목욕탕 바 닥 타일을 닦는 솔은 너무 뻣뻣해서 쓰기 어렵고, 변두리 슈퍼마켓을 뒤져 보면 와이셔츠 깃을 문지르는 데에 쓰는 좋은 제품들이 많다. 스프레이 세척제 뚜껑에 딸려 나오는 솔은 잡기가 불편하다.

실내 세차에 부담을 느끼는 사람을 위해 괜찮은 제품을 하나 권한다. 물티슈(묽은 세척제를 축인 상태로 판매하 는 부직포 티슈) 중에서 세척용으로 나온 대형 제품이 있 다. 대형 할인점의 자동차 용품 코너나 자동차 메이커 AS 센터의 액세서리 판매대에서 구입할 수 있다. 사람 피부에 쓰는 물티슈보다 세척력이 매우 강하다. 이 물티슈를 한 통 사서 도어 트림이나 스티어링 휠, 대시 보드같이 때가 많이 타는 곳을 3개월에 한 번쯤 문질러 주는 것만으로도 상당한 효과가 있다. 한 통 사면 차 전체를 열 번 이상 닦 을 수 있다.

세척법

실내 세차의 기본은 거품식 세척제를 바르고 솔로 문지 른 뒤에 물걸레로 닦아 내는 것이다.

실내 세차는 한 번에 전체를 다 하려고 하지 말고, 시트 면 시트, 대시 보드면 대시 보드, 이런 식으로 한 번에 거 뜬히 할 수 있을 만큼 일감을 나누어 하는 것이 좋다.

실내 세척 전용의
거품식 스프레이 세제.

시트 전체를 닦는 데 보통 두 시간쯤 걸린다. 직물 시트와 가죽 시트는 청소 방법이 다르다. 인조가죽 시트는 직물 시트처럼 비교적 쉽고 편하게 닦을 수 있다. 주의할 점은 메이커의 순정 가죽 시트라고 해도 '사람 몸이 닿는 부분만 가죽'인 경우가 많다는 것이다. 사실 앞좌석의 뒷면까지 가죽을 댈 필요는 없으므로 그러는 것이 옳아 보인다. 흔히 시트 옆과 뒷면에는 진짜 가죽과 비슷한 질감의 인조가죽을 댄다. 인조가죽 부분은 직물 시트처럼 닦는다.

직물 시트는 차 문을 모두 열고 손으로 시트를 탁탁 쳐서 일단 먼지를 털어 낸다. 그 다음, 거품식 세척제를 바르고 솔로 거품을 고르게 펴 바른다는 느낌으로 가볍게 문지른다. 세게 문지른다고 때가 더 잘 빠지는 것은 아니다. 30초쯤 있다가 젖은 걸레로 박박 닦아 준다. 걸레가 세제를 먹어서 미끈거리면 잘 닦이지 않으니 걸레 면을 자주 바꿔 주면서 닦는다. 닦고 나서 30분쯤 있으면 시트가 다 마른다. 세척한 뒤 실내에 남아 있는 세제 냄새는 이틀이면 다 가신다.

세제를 많이 쓴다고 잘 닦이는 것도 아니다. 잘 닦이지 않는 찌든 때는 아무리 세제를 많이 써도 안 된다. 특히 안전벨트 쪽에 끼는 이런 때는 어쩔 수 없다.

가죽 시트는 세척법이 전혀 다르다. 세척제로는 '키위 새들 솝(KIWI Saddle Soap)'이라는, 큼지막한 구두약 통에 들어 있는 가죽 전용 세척제(사천 원쯤 한다)를 사용하는데, 문제는 이것을 구하기가 매우 어렵다는 것이다. 나는 이 제품을 금강제화 할인매장에서 발견했다. 기능이 비슷한 크림형 제품도 있지만, 키위 새들 솝이 한결 효과가 좋다. 사용 방법은 제품마다 다르다. 새들 솝을 쓸 때에는 젖은 걸레에 세척제를 조금 묻혀서 시트를 닦아 낸 뒤 다른 깨끗한 물걸레로 다시 닦아 낸다. 용도가 달라서 세척 효과는 좀 떨어지지만 쉽게 구할 수 있는 국산 '캉가루' 레저 로션은 걸쭉한 액체로, 마른 걸레에 묻혀 충분히 바른 뒤 다른 마른 걸레로 닦아 낸다.

콜드크림을 써서 가죽을 닦아 낼 수 있다고 하는데, 닦아지기는 하지만 그 뒤에 기름기가 진하게 남아서 옷에 기름 자국을 남긴다. 그렇다고 직물 시트용 거품식 세척제를 사용하면, 가죽에 포함되어야 할 적당량의 기름기까지 싹 닦여 버려서 가죽을 푸석푸석하게 만들고, 가죽의 수명을 단축시킨다.

인조가죽 시트는 직물 시트를 닦을 때처럼 거품식 세척제와 젖은 걸레를 사용한다. 인조가죽 시트는 전혀 기름기를 흡수하지도 않고, 수명 연장을 위해 기름기를 필요로 하지도 않으므로, 가죽용으로 나온 세척/관리 용품을 사용하면 표면에 기름기만 번지르르하게 흐를 뿐이다.

대시 보드와 도어 트림은 플라스틱으로 되어 있다. 값싼 차는 그냥 딱딱한 플라스틱이고, 고급 차는 딱딱한 플라스틱 위에 쿠션이 들어간 가죽 느낌이 나는 표피를 사용한다. 닦는 방법은 직물 시트나 인조가죽과 같다. 도어 트림뿐 아니라 내장의 각종 트림류도 역시 플라스틱이다. 고급 차는 짧은 털을 촘촘히 붙여서 세무 같은 느낌을 주는 플로킹(flocking) 처리를 하기도 하는데, 닦는 방법도 같고 특별히 주의할 점은 없다. 도어 트림에 가죽 부분이 있으면 가죽 시트를 닦는 방법대로 한다. 그러나 도어 트림은 고급 차라고 해도 거의 모든 차에서 인조가죽으로 처리한다.

대시 보드를 닦을 때에는 환기 장치 조정 다이얼이나 주차브레이크 레버 등도 신경 써서 닦는다. 손이 자주 접촉하는 이런 부분에는 손때가 많이 묻어 있다.

천장은 특별히 어려운 부분은 아니지만 하늘을 보고 닦아야 하는 자세 때문에 작업하기가 힘들다. 천장 닦는 데에 걸리는 시간은 30분쯤이다. 천장 판은 섬유질을 성형해서 모양을 만든 뒤 내장용 직물을 접착한 방식이어서 그다지 튼튼하지 않다. 어떤 사람은 '골판지 천장' 이라고 부르는데, 그 표현이 딱 어울린다. 실제로 온 힘을 다해 눌러서 닦다 보면 찌그러지는 경우도 있다. 이 부분 역시 거품식 세척제와 걸레를 이용해서 닦는다. 천장의 실내등에 거품식 세척제가 좀 묻어도 나중에 젖은 걸레로 닦아 내면 된다.

실내 세차 때에 유리창 안쪽도 잘 닦는다. 담배를 피우는 사람의 경우는 담배 연기가 흡착되어 있고, 담배를 피우지 않는 경우라 해도 앞차에서 나오는 매연 분진이 묻어 있으므로 두 달에 한 번쯤 유리세정제를 이용해서 닦는다. 유리세정제를 마른 걸레에 뿌려서 앞뒤 유리 안쪽을 닦는다. 유리세정제를 많이 쓴다고 좋은 것은 아니고, 그보다는 닦아 낼 때에 마른 걸레가 얼마나 깨끗한지, 얼마나 빠짐없이 닦아 내는지가 중요하다. 유리세정제를 유리창에 뿌린 뒤 휴지로 닦을 수도 있지만, 제대로 된 마른 걸레로 닦는 것이 훨씬 효과적이다. 유리 안쪽은 두 주에 한 번쯤 그냥 마른 걸레로 닦아 주기만 해도 뿌옇던 시야가 맑아진다.

시중에는 레저 왁스라고 하는, 노란색 스프레이 용기에 든 수성 실리콘 왁스를 여러 메이커에서 내놓고 있다. 고무나 플라스틱 표면에 뿌려서 표면의 노화를 방지하는 것이 주 효능이다. 비용 이상의 효과는 있지만 주의해서 사용해야 한다. 제품에 씌어진 용도를 보면 타이어, 가죽 시트, 대시 보드에 뿌리라고 되어 있는데 타이어 외에는 사용하지 말아야 한다. 가죽 시트에 뿌리면, 너무 미끄러워서 웬만한 코너링에도 승객의 엉덩이가 시트 위에서 좌우로 미끄럼틀을 탄다. 인조가죽 시트도 마찬가지다. 또 대시 보드에 뿌리면 앞유리 밑부분의 대시 보드가 반들반들해져서 반사광이 앞유리에 어른거리므로 운전중에 시야를 어지럽힌다. 따라서 절대로 뿌리면 안 된다.

레저 왁스를 뿌리면 때가 타는 속도가 아주 느리다. 플라스틱 가전제품 등에는 효과가 있다. 다만 뿌릴 때에 광택이 조금 좋아지지만 미관이 중요한 제품에 사용하려면 신중해야 한다. 그리고, 일단 뿌린 뒤에는 그 밑에 묻힌 때를 닦아 내기가 힘들기 때문에 더러운 상태에서는 뿌리지 말아야 한다.

레저 왁스는 뿌리고 난 뒤 반드시 마른 걸레로 깨끗이 닦아 내야 한다. 축축한 채로 며칠이고 남겨 두면 지속적으로 공기 중의 먼지를 흡수해서 때가 빠르게 탄다.

레저 왁스를 발라서 효과가 좋은 부분은 문 테두리의 웨더 스트립(weather strip)이다. 검정 고무로 만들어서 문틀을 빙 둘러 밀폐하고 있는 웨더 스트립에 레저 왁스를 입히면 고무의 수명도 길어지고 문을 여닫을 때에 고무로 인한 소음도 없어지고 좋다. 문 테두리뿐만 아니라 트렁크 테두리의 웨더 스트립에도 효과가 좋다. 레저 왁스를 입힐 때에는 그냥 뿌리면 다른 부분에도 묻고, 닦아 내지 않으면 때가 타는 원인이 되므로 레저 왁스를 축축이 뿌린 화장지를 문 테두리를 따라 문지르면 왁스가 깨끗하게 입혀진다.

레저 왁스의 수명은 거의 영구적이다. 그래서 대시 보드 위에 뿌려서 생긴 광택은 아무리 닦아도 사라지지 않는다. 나의 경우는 대시 보드의 다른 부분이나 도어 트림에도 레저 왁스를 뿌리지 않는다. 때는 좀 덜 타지만 광택으로 인해 내장재가 싸구려로 보이는 게 싫기 때문이다.

에어컨 냄새 제거

에어컨 냄새 제거를 실내 세차 항목에 넣은 것이 어울리지 않는 듯하지만, 실내를 쾌적하게 가꾼다는 점에서 여기쯤에서 언급해도 좋을 내용이다.

많은 사람이 에어컨에서 나는 퀴퀴한 곰팡이 냄새에 불쾌해한다. 냄새를 줄이는 방법만 안다면 누가 마다할까? 사실 오래 타고 다닌 자동차 에어컨의 증발기는 매우 더럽다. 그 동안의 먼지와 곰팡이, 심지어 조그마한 하루살이 같은 벌레까지 끼어 있다. 흡입공기 필터가 효과적이긴 한데, 값싼 차에는 흡입공기 필터가 달려 있지 않다.

에어컨 증발기에 곰팡이가 피는 이유는 제습 효과로 인해 에어컨이 작동할 때에 축축하게 물기가 맺히기 때문이다. 이 현상은 가정용 에어컨도 마찬가지다. 다만 가정용 에어컨은 증발기가 닦기 쉬운 구조로 되어 있다. 앞의 그릴만 떼어 내면 증발기가 드러나고, PB-1 같은 강력 계면 활성제를 뿌린 뒤 털을 짧게 자른 페인트 붓으로 틈새 사이사이를 문질러 주고 물을 분무기로 뿌려서 헹구면 된다.

하지만 자동차용 에어컨은 증발기에 접근하기가 거의 불가능하다. 대시 보드 전체를 뜯어야 하므로 돈과 시간이 많이 들 뿐만 아니라, 재조립한 다음 대시 보드에서 날 수 있는 갖가지 소음을 감수할 용기가 있는 사람만 시도할 수 있다. 이 말은 곧, 하지 말라는 뜻이다. 닦아서 곰팡이를 원천적으로 제거하는 것이 정석이겠지만, 그게 불가능하다면 약품을 넣어서 곰팡이 발육을 억제하고 냄새를 제거할 수도 있다.

증발기에서 냄새가 덜 나게 하려면 실내에서 담배를 피우지 말아야 한다. 아니면 적어도 실내에서 담배를 피울 때에는 공기 흡입구를 외부 공기 유입으로 맞춰서 실내의 담배 연기가 에어컨 증발기로 다시 들어가지 않도록 해야 한다. 에어컨 증발기에 담배 연기가 흡착되면 나중에 고약한 냄새가 난다. 중고차를 구입할 때에, 흡연자가 쓰던 차는 이래저래 문제가 많다.

어떤 사람은 에어컨을 사용한 뒤 에어컨만 끄고, 환기 장치를 외부 공기 유입으로 맞춰서 몇 분 동안 에어컨 증발기의 수분을 말린 뒤에 시동을 끄면, 곰팡이 발생을 방지할 수 있다고 한다. 일리 있는 이야기지만 실천에 옮기기가 쉽지 않다. 대부분 차를 주차한 뒤 몇 분 동안 시동을 켠 채로 에어컨 증발기가 마를 때까지 기다릴 만한 여유가 없기 때문이다.

증발기의 냄새를 없애려면 약을 투입한다. 곰팡이 냄새

를 없앤다니까 '팡이제로' 라는 상품명을 떠올리는 사람이 많다. 이 제품이 실제로 곰팡이를 얼마만큼 효과적으로 없 애는지 모르겠지만, 문제는 이 제품에 배합된 포도향이다. 팡이제로를 뿌리면 사나흘은 지독한 포도향에 운전자가 맥을 못 춘다. 권할 만한 제품이 아니다.

내 경험으로 가장 효과가 좋은 것은 '일동 크리나' 라는 스프레이식 제품이다. 그런데, 이 회사(일동제약)가 영업 망이 제대로 갖춰지지 않았는지, 이 제품은 구하기가 무척 힘들다.

냄새 제거용 약품을 에어컨 증발기에 넣으려면 준비가 필요하다. 먼저 자신의 차가 환기 장치용 흡입공기 에어 필터를 사용하는지부터 알아야 한다. 1997년에 나온 누비 라, EF 소나타, 레간자, 크레도스 이상의 차들은 이것을 다 갖추고 있다. 소형차에도 베르나 일부 등급처럼 흡입공 기 필터를 갖춘 차가 있다. 에어 필터가 있다면 일시적으 로 빼내야 한다. 약이 증발기에 닿기 전에 에어 필터에서 걸러지면 말짱 헛수고이기 때문이다. 다행인 것은 흡입공 기 필터를 갖춘 차는 여간해서는 에어컨에서 냄새가 나지 않아서 냄새 제거 작업이 불필요하다.

엔진 시동을 걸고, 환기 장치를 다음 환경으로 맞춘다. 자동 에어컨이면 각 모드를 수동으로 조절해 줘야 한다.

먼저 공기 흡입구는 외부 공기 흡입으로, 토출구는 아무 곳에나 맞춘다. 환기 풍량은 최대, 온도는 최대 냉방으로 조절한 뒤 에어컨을 작동시킨다.

이 상태로 2분 이상 작동시켜서 에어컨 증발기에 수분 이 충분히 맺히도록 한다. 환기 장치를 계속 작동시키면서 앞유리 밑을 보면 환기 장치용 외부 공기를 흡입하는 그릴 이 있다. 그 그릴에 냄새 제거용 약을 충분히 뿌려 준다. 팡이제로는 10초쯤 뿌려 주고, 일동 크리나는 스프레이 펌프를 열 번쯤 작동시킨다. 분무된 약은 흡입 공기에 실 려 축축한 에어컨 증발기에 붙는다.

환기 장치를 끈다. 냄새 제거 작업은 끝났다. 이틀쯤 냄새 제거제 특유의 냄새가 난다. 팡이제로는 진한 포도향이, 일동 크리나는 옅은 수영장 소독약 냄새가 난다.

냄새 제거 약을 실내 환기 장치 토출구에 뿌려 넣는 사람이 있는데, 아무런 소용이 없다. 그렇게 뿌려서는 에어컨 증발기에 닿지 못한다. 반드시 흡입 공기의 흐름에 실어 보내야 한다.

요즘은 차 실내에서 화학적으로 연기를 피워 에어컨 증발기에 연기를 쐬게 하는 냄새 제거 제품이 나온다. 설명서대로 설치하고 사용하면 에어컨 증발기에 유효 약품이 효과적으로 전달되어서 냄새를 없앨 수 있다.

04 | 휠과 엔진룸 세척
새 것처럼 밝은 휠과 깨끗한 타이어는 차의 품위를 완성시킨다

땅바닥에서 뒹구는 휠과 타이어가 더러운 것은 어찌 보면 당연하다. 휠은 그렇다 치고, 타이어는 어지간해서는 보는 사람의 주의를 끌지 않는다. 그렇긴 하지만, 새 것처럼 밝은 휠과 그윽한 검정빛이 감도는 타이어는 차의 품위를 완성시킨다.

휠은 브레이크 패드의 분진 때문에 더러워진다. 브레이크 패드는 사용함에 따라 마모되면서 가루로 분해돼, 가루가 휠의 통풍구를 통해서 바람에 실려 나오면서 휠에 붙는다. 운전을 과격하게 하고 브레이크를 적극적으로 사용하는 운전자는 브레이크 패드 소모량이 많아 휠이 빨리 더러워진다. 시중에 패드 가루가 휠의 통풍구로 나오지 않도록 휠 안쪽에 덧대는 플라스틱 판이 나와 있다. 그것을 사용하면 휠은 깨끗하지만, 휠에 뚫린 통풍구를 통해서 바람이 브레이크 디스크나 드럼을 냉각시키는 것을 방해한다. 그래서 지속적으로 강력한 제동력을 원한다면 쓰지 않는 것이 좋다.

타이어는 시간이 지나면 공기 중의 오존과 햇빛 중의 자외선에 의해서 표면이 경화되고 갈색으로 변한다. 그러나 부지런히 세제로 잘 닦고 표면 보호제를 뿌려 주면 새 것처럼 진한 검정색을 유지할 수 있다.

휠과 타이어는 보이는 부분이니까 닦는다고 쳐도 엔진룸 기계들을 닦는 것을 이해하지 못하는 사람들이 많다. 사실 엔진룸은 엔진 후드 밑에 있어 정비소 이외에서는 남의 눈에 거의 보이지 않는다. 엔진룸을 세척하는 것은 미관보다는 운전자가 직접 정비할 때에 손이 더러워지는 것을 막고, 오일 누출 등의 이상을 쉽게 발견할 수 있도록 하기 위해서이다. 시커멓게 기름과 먼지로 범벅이 된 변속기를 점검하는 것보다는, 아무래도 은빛 알루미늄 광택이 도는 변속기에 끼워져 있는 커넥터들을 점검하는 것이 일도 쉽고 기분

엔진룸 세척은 미관보다는 자가 정비 때 손이 더러워지는 것을 막고, 오일 누출 등의 이상을 쉽게 발견할 수 있도록 하기 위한 것이다.

도. 좋다. 엔진룸이 깨끗하면 정비소에서도 기사들이 고객을 우습게 보지 않는다. 깨끗한 엔진룸은 "이 차 주인은 차에 대한 관심이 많다"라고 소리 없이 말해 주기 때문이다.

휠과 타이어

휠은 자동차 바퀴의 금속 부분을 뜻한다. 타이어는 테두리의 고무 부분이다. 값싼 차에는 휠 커버를 씌운다. 휠 커버는 모양이 밋밋한 철제 휠 위에 끼워서 멋을 내는 플라스틱 커버이다. 고급 차는 모양을 마음대로 디자인할 수 있는 알루미늄 합금 휠을 사용하므로 휠 커버를 끼울 필요가 없다. 휠 커버는 합금 휠과 같은 식으로 닦는다.

휠은 평소에는 세차할 때에 쓰는 세제로 닦지만 3개월에 한 번쯤은 PB-1 같은 강력 계면활성제나 휠 전용 세척제(성분은 비슷하다)를 쓰는 것이 좋다. 세제로 닦을 때에는 세제 거품을 적신 스펀지나 붓을 이용해서 구석구석 닦는다. 대부분의 휠은 오밀조밀한 부분이 많아서 스펀지보다는 붓을 사용하는 것이 낫다. 세척성을 고려한다면 휠의 형상이 단순한 것이 최고다. 여러 개의 살이 뻗쳐 있는 디자인의 휠은 닦을 때에 꽤나 고생해야 한다.

휠 클리너 중에는 청소용 솔이 함께 따라오는 것이 있다. 그 청소용 솔은 재질이 나일론이어서 분진 제거에는 좋지만 휠의 페인트에 많은 흠집을 낸다. 따라서 계속 사용하면 휠 표면의 은색 페인트가 벗겨진다. 메탈릭 은색으로 마무리된 합금 휠의 원래 표면은 매우 거칠고 칙칙하다. 그 위에 두껍게 은색 페인트를 뿌려서 평평하게 만든 뒤에 다시 투명 보호층을 뿌렸다. 휠을 세척할 때에 사용하는 솔이 너무 거칠면 특히 휠의 돌출된 모서리 부분부터

휠과 타이어 세척용 강력 세척제 PB-1, 타이어 표면 관리에 사용하는 레저 왁스와 전용 코팅제.

시작해서 페인트가 떨어지기도 한다.

PB-1 같은 강력 계면활성제를 쓸 때는 물기 없는 휠에 계면활성제를 먼저 뿌리고 10초쯤 있다가 물에 축인 스펀지와 붓으로 문질러서 닦는다. 세척제로 닦은 뒤에는 물로 충분히 헹궈 낸다.

휠의 표면 처리에 따라서 조금 다르지만, 대부분의 순정 합금 휠은 표면이 매끄럽지 않아서 브레이크 분진이 완전히 닦이지 않는다. 새 것처럼 만들겠다고 박박 문지르고 독한 세제와 뻣뻣한 솔을 사용하면 오히려 표면이 상한다. 새 것처럼 되지 않더라도 적당히 깨끗한 상태에서 만족하는 것이 좋다.

휠을 닦을 때에는 림(타이어와 물리는 테두리 부분) 쪽을 깨끗이 닦으면 보기에 좋다. 보통은 잘 보이는 가운데만 닦고 끝내는데, 통풍구 전체와 림을 깨끗이 닦아 주면 다른 차와는 구별되는 품위가 살아난다.

타이어 표면에 코팅제(레저 왁스 또는 전용 제품)를 뿌리면 깊은 검정색 광택이 난다. 석유 성분이 있는 구두약을 바르면 기름기가 고무에 침투하여 고무를 경화시켜 표면이 갈라지게 하므로, 절대로 사용하면 안 된다.

코팅제를 뿌리기 전에 먼저 타이어가 깨끗해야 한다. 타이어 표면도 휠과 마찬가지로 브레이크 분진에 의해서 더러워지나, 휠과 달리 타이어는 일반 세차용 세제로도 쉽게 깨끗해진다.

타이어는 세척할 때에 흠집이 나는 것을 걱정할 필요가 없다. 타이어 표면에는 요철 무늬도 있고 제조회사 이름이 양각되어 있기도 하므로 스펀지보다는 솔로 구석구석 닦아야 한다. 특히 흰색 돌출 문자가 있는 타이어는 솔로 박박 문질러야 한다(흰색 돌출 문자는 PB-1을 이용해야 깨끗하게 닦을 수 있다). 흰색 돌출 문자가 있는 타이어는 한쪽 면은 흰 돌출 문자, 반대편은 같은 글씨가 검정 돌출 문자로 디자인되어 있으므로 사용자의 취향에 맞춰서 원하는 색깔의 문자가 바깥으로 나오도록 휠에 장착할 수 있다.

세제를 사용한 뒤 타이어에서 검정 땟국이 흘러나오지 않을 때까지 물을 뿌려서 잘 헹군다.

타이어 코팅제는 시판되는 레저 왁스가 일반적이다. 많은 제품이 있으나 성능은 비슷비슷하다. 그리고 하나같이 노란 플라스틱 통에 들어 있다. 스프레이 깡통에 들어 있는 타이어 전용 코팅제도 있다. 광고에서는 일반 레저 왁스보다 오래간다고 하는데, 써 본 결과 조금 오래가기는 해도 값이 비싼 만큼 오래가지는 않았다. 따라서 그냥 레저 왁스를 쓰는 것이 낫다.

코팅만 하는 제품말고, 더러운 타이어에 뿌리면 거품이 발생해서 때를 녹여 내고 타이어 표면이 반짝반짝하게 저절로 코팅이 된다는 스프레이 제품도 있다. 그 제품을 사용하면 웬만큼 청소가 되어 멀리서 보기에는 깨끗해 보이지만, 가까이에서 보면 거품 얼룩이 남아 있다. 한 깡통을 사면 타이어 네 개에 세 번쯤 사용할 수 있는데, 미국 가격이라면 그런 대로 경제성이 있지만 국내 가격으로는 경제성이 없다.

레저 왁스는 수성이므로 코팅할 때 타이어에 물기가 남아 있어도 상관 없다. 전문 세차장에서는 타이어에 레저 왁스를 뿌린 뒤 타이어 코팅을 끝내는데, 이렇게 하면 레저 왁스가 축축한 상태로 남기 때문에 노면의 먼지를 흡수해서 금세 다시 더러워지고 광택이 사라진다. 레저 왁스는 뿌린 뒤 묻어 있는 것이 없도록 늘 깨끗이 닦아야 한다.

그리고, 타이어에 레저 왁스를 뿌리면 휠에도 묻는다. 휠에 레저 왁스가 묻으면 먼지가 들러붙어 더러워지므로, 휠에 묻은 레저 왁스도 마르기 전에 닦아야 한다.

레저 왁스를 바를 때에는 스펀지를 준비한다. 나는 '캉가루 타이어코트'라는 스프레이식 전용 코팅제를 구입할 때에 박스에 들어 있던 사각형 스펀지를 계속 쓴다. 스펀지에 레저 왁스를 뿌린 뒤, 스펀지를 타이어 옆면에 대고

레저 왁스는 수성이므로 코팅할 때 타이어에 물기가 남아 있어도 상관 없다.

쓱쓱 문질러서 레저 왁스를 바른다. 적은 양으로도 잘 발라져서 찌꺼기가 남는 일이 없고 휠에 묻지도 않는다. 스펀지는 사용한 뒤에 비누로 깨끗이 빨아서 말려 놓는다. 더러운 것을 계속 사용하면 나중에는 타이어에 코팅을 해도 광택이 잘 나지 않는다.

페인트를 칠하지 않은 무광 검정 플라스틱 범퍼나 하부 몰딩을 장착한 차는 이 부분에도 스펀지를 이용해서 레저 왁스를 발라 주면 플라스틱 보호도 되고 깊은 멋의 광택을 살릴 수 있다. 레저 왁스는 두세 번 세차를 하면 씻겨 나가므로 가끔씩 새로 발라 주어야 한다.

엔진룸

새 차의 엔진룸을 들여다보면 어디까지가 변속기이고 어디까지가 엔진인지 구별할 수 있다. 헌 차는 엔진룸 전체가 먼지 범벅이 되어서 전문가가 아닌 사람이 보면 뭐가 뭔지 도통 알 수가 없다. 그래서 자동차 사용설명서를 들여다보면서 오일 점검 스틱을 찾아도 좀처럼 찾을 수가 없다. 엔진룸을 깨끗하게 해 놓으면 뒤에 설명할 '정기 점검'을 위해서 엔진룸을 살펴볼 때에 이해하기가 쉽다.

엔진룸이 다른 부분보다 더 더러운 까닭은 카센터나 정비공장에서 정비하는 도중에 기름 묻은 장갑으로 여기저기를 만져서 기름이 곳곳에 묻거나, 갖가지 기름을 주입구에 붓다가 흘리기 때문이다. 기름은 먼지를 빨아들이기 때문에 깨끗한 표면이면 그냥 바람에 날아갔을 먼지도 모두 달라붙어서 더럽다. 게다가 대부분의 사람들이 엔진룸은 차를 구입한 뒤 한 번도 청소를 하지 않기 때문에 먼지가 쌓이고 쌓여 아무것도 알아볼 수 없는 지경에 이른다.

엔진룸에 들어 있는 부품들은 물에 웬만큼 견딘다. 위에서 세제를 뿌리고 물을 뿌려도 문제가 없다. 그래서 엔진룸은 물 청소를 한다.

세제는 일반 세차용 세제로는 부족하다. 엔진룸 세척의

엔진룸이 다른 부분보다 더 더러운 까닭은 카센터나 정비공장에서 정비하는 도중에 기름 묻은 장갑으로 여기저기를 만져서 기름이 곳곳에 묻거나, 갖가지 기름을 주입구에 붓다가 흘리기 때문이다.

핵심은 기름기를 닦아 내는 것이기 때문에 전용 세척제를 사용한다. '엔진 탈지제(Engine Degreaser)'라고 이름 붙인 스프레이 제품이 여러 회사에서 나와 있다. 기름기 있는 곳에 뿌리면 세척액이 기름 속으로 침투해서 물에 녹을 수 있는 형태로 바뀐다. 나중에 물을 뿌려서 씻어 내면 물과 함께 기름기가 씻기는데, 효과가 매우 좋다. 추천하고 싶은 제품은 '퍼머텍스Permatex'에서 나온 것인데, 세척력이 강력하고 냄새도 좋다. 다른 제품에서는 독한 석유 냄새가 나는데, 이 제품에서는 오렌지향이 난다.

엔진룸 세척은 엔진이 미지근한 상태에서 해야 한다. 차가우면 세척력이 떨어지고, 반대로 시동이 걸려 배기 파이프가 뜨거우면 세척제가 닿았을 때에 불이 날 우려가 있다. 엔진룸 세척은 셀프 세차장에서 높은 수압으로 하면 좋은데, 문제는 세차장까지 차를 몰고 가면 엔진이 뜨거운 상태라는 점이다. 셀프 세차장에서 하려면 시동을 끄고 시간을 충분히 두고(5분 이상) 배기 파이프가 식기를 기다리면서 먼저 차체 외부를 닦은 뒤에 엔진룸을 세척하면 된다. 셀프 세차장에 따라서는 기름때 오염 때문에 엔진룸 세차를 못 하게 하는 곳도 있다.

앞서 엔진룸에 있는 부품들은 대체로 방수 구조여서 물청소가 용이하다고 했는데, 한 가지 예외가 있다. 배전기(distributor)는 엔진의 점화 플러그에 시간에 맞춰 고압 펄스를 공급하는 부품이다. 배전기는 고압 펄스를 다루기 때문에 절연 상태가 중요하고, 물기가 들어가면 절연이 불량해져서 물기가 마를 때까지는 엔진이 제대로 동작하지 않는다. 다행히 요즈음에는 배전기 없이 전자적으로 펄스를 공급하는 DLI 엔진이 주류지만 배전기 방식으로 된 엔진도 아직 나오고 있다.

배전기 방식 엔진은 배전기에 물이 들어가지 않도록 비닐 봉지로 감싼 뒤 입구를 고무줄로 죄어 주어야 한다. 배전기를 찾는 방법은 쉽다. 엔진 각 실린더에 꽂힌 지름

엔진룸에 있는 부품들은 웬만큼 방수 구조인데, 배전기만큼은 예외이다. 배전기는 고압 펄스를 다루기 때문에 절연 상태가 중요하고, 물기가 들어가면 절연이 불량해져서 물기가 마를 때까지는 엔진이 제대로 동작하지 않는다.

5mm정도의 고압 케이블들이 모여 있는 부품이 배전기다. 엔진 시동을 걸지 않는 한 고압 케이블에는 전기가 흐르지 않으므로 감전의 우려는 없다.

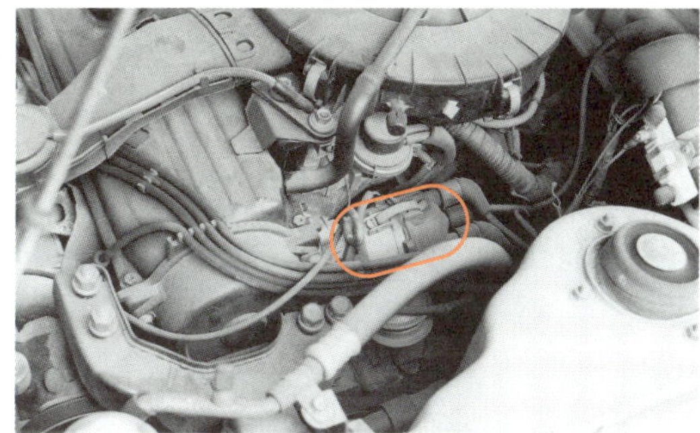

고압 스파크를 분배하는 배전기는 수분이 침투하면 절연 능력이 감소하므로 반드시 물 세차 하기 전 비닐로 감싼다. 배전기가 없는 DLI 방식 엔진에서는 점화 코일에서 곧장 고압 배선이 나가는데. 점화 코일은 방수 구조이므로 물 세차 할 때에 신경 쓸 필요가 없다.

　　엔진에 물을 뿌리기 전에, 탈지제를 주요 부분에 뿌린다. 탈지제 한 통으로 엔진룸 전체를 세척할 수는 없다. 엔진오일 주입구 주변, 변속기와 엔진이 만나는 곳, 파워 스티어링 오일탱크 주변 등 기름기가 질펀한 곳에 중점적으로 뿌린다. 기름기가 없거나 적은 부분은 나중에 PB-1 같은 일반 세척제로 닦는다. 대부분은 솔로 문지르지 않아도 잘 닦이지만, 기름기가 많은 부분은 탈지제를 뿌린 뒤 솔로 문질러 기름과 탈지제가 잘 섞이도록 해 주어야 한다.

　　탈지제를 뿌린 뒤에는 10분쯤 기다려야 한다. 셀프 세차장에서는 이렇게 오래 시간을 끌기 어려울 것이다. 그래서 엔진룸 세척은 차라리 집에서 하는 것이 낫다. 물살이 좀 약하긴 하지만, 양동이에 담아 온 물을 바가지로 퍼붓는 것만으로도 탈지제는 기름기를 깨끗하게 씻어 낸다. 탈지제가 충분히 기름을 녹이면 물을 뿌린다. 셀프 세차장의 물총은 수압이 강하기 때문에 엔진룸의 기계장치에 너무 가깝게 대면 물살로 인해서 배선을 상하게 할 수 있으므로 적어도 30㎝는 떨어져서 사용해야 한다. 물총을 가까이 할수록 때가 잘 씻겨 나가는 것을 보다 보면 어느 새 안전 거리를 잊어버리게 되는데, 이러한 유혹에 이끌려서 엔진룸의 기계를 망가뜨리는 일은 없어야 하겠다. 그러면서도 빠뜨린 부분 없이 고르게 물을 뿌려 주는 것이 중요하다. 집에서 세척할 때에는 호스로 물을 뿌리면 좋고, 양동이에 물을 받아 왔으면 바가지로 넉넉하게 물을 부어 준다. 두 양동이쯤 부어 주면 헹굼은 충분하다.

탈지제는 기름기를 녹이는 데는 효과적이지만 일반적인 때는 닦아 내지 못하므로, 탈지제를 헹궈 낸 뒤 물기가 남은 상태에서 PB-1을 더러운 곳에 넉넉히 뿌려 주고 나서 물에 축인 스펀지와 솔로 엔진룸 전체를 닦는다. 구석구석 빠뜨리지 않고 손을 댈 필요는 없다. 엔진룸은 복잡하기 때문에 모든 구석까지 말끔히 닦으려면 하루 종일 해도 끝이 없다. 엔진룸을 닦을 때에는 손등이 기계장치에 긁히는 일이 많기 때문에 면장갑을 끼는 것이 좋다. 셀프 세차장에서 세척할 때에는 시간이 없으면 PB-1을 뿌리기만 하고 문지르지 않은 채 물총으로 씻어 내도 그럭저럭 깨끗해진다.

엔진룸에 기름때가 심하지 않으면 매번 탈지제를 사용할 필요는 없다. PB-1만 사용해서 닦으면 된다. 보통 2년에 한 번쯤 탈지제를 사용하고, 6개월마다 PB-1으로 닦으면 충분하다. PB-1만 사용해서 닦을 때에는 엔진이 뜨거워도 화재의 위험은 없지만, 그래도 웬만큼 배기 파이프를 식히는 것이 좋다. 너무 뜨겁게 달궈진 배기 파이프에 직접 차가운 물을 쏟아부으면 열팽창 차이에 의해 균열이 생길 수도 있기 때문이다. 시동을 끄고 적어도 5분쯤은 식혀 주는 것이 좋다. PB-1의 세척력은 온도에 따라 변하지 않으므로 엔진이 차가운 상태에서 닦아도 된다.

덜 식은 배기 파이프에 물을 부으면 "칙" 하며 김이 피어오른다. 문제는 없지만, 나중에 보면 주철로 만든 배기 파이프 표면이 빨갛게 녹이 슬어 있다. 주철은 사용중에 녹이 스는데, 물이 닿으면 녹스는 속도가 빨라진다. 다행히 주철에 발생하는 녹은 속에까지 침투하지는 않는다.

엔진룸을 닦고 마무리로 레저 왁스를 뿌리는 사람도 있다. 엔진의 여러 플라스틱 부품에 촉촉하게 광택을 내기 위한 것인데, 레저 왁스는 뿌린 다음 잉여분을 말끔히 닦아 내지 않으면 나중에 거무튀튀한 기름처럼 변하기 때문에, 아예 레저 왁스를 뿌리지 않는 것이 좋다. 그래도 미관을 조금 좋게 하고 싶다면, 스펀지에 레저 왁스를 묻혀서 페인트 칠이 되어 있지 않은 검정 플라스틱 부품이나 고무 호스에만 바르도록 한다.

엔진룸의 차체 철판은 외부 철판과 좀 다르다. 색도 조금 다르고 광택도 없다. 엔진룸은 페인트 칠이 중간 칠까지만 되어 있기 때문이다. 색이 뚜렷하고 광택이 나는 마감 칠은 외부에만 한다. 모터 쇼에 전시되는 차들은 가끔 엔진룸 내부 철판까지 광택이 번쩍번쩍한데, 이것은 별도로 제작한 차체에다 내부까지 수작업으로 마감 칠을 한 것이다. 옛날에 내가 엔진룸에 광택을 내 보겠다고 엔진룸 내부 철판과 엔진 후드 안쪽 면에 왁스 칠까지 한 적이 있는데, 광택은 나지 않았다. 엔진룸 내부 칠은 아무리 왁스 칠을 해도 광택이 나지 않는 중간 칠이라는 것을 알게 된 것은 훨씬 뒤였다.

엔진룸이 깨끗해지고 나면 이따금 먼지만 털어 줘도 된다. 다만, 이 먼지떨이는 차체를 닦는 먼지떨이와 다른 것으로 준비해야 한다. 엔진룸은 아무래도 오일이나 브레이크액이 흐른 자국이 생기기 일쑤라서, 엔진룸을 터는 먼지떨이에는 이런 오염 물질이 묻게 마련이다.

엔진룸 내부 칠은 아무리 왁스 칠을 해도 광택이 나지 않는 중간 칠이다.

3

정기 | 점검

자동차 사용설명서를 보면 수십 가지 점검 사항이 나열되어 있다. 브레이크 호스 점검 같이 과연 이것을 내가 스스로 점검해야 하는 것인가 하는 의구심이 들 정도의 항목도 있다. 다행히 사용자가 다 점검할 필요는 없다. 사용자의 일상적인 점검으로 해결되는 항목도 있고, 카센터에 가서 점검해야 하는 항목도 있다. 어떤 항목은 사실 정비업소에서도 점검해 주지 않는 것도 있다. 캐니스터(canister; 여과용 흡수통) 점검, 섀시 각부 볼트 조임 따위가 그런 것들이다. 사용자가 점검할 수 있는 부분 외에도 카센터에서 점검하는 부분도 간단히 언급해 두었다. 어떤 부분을, 왜 점검해야 하는지 알면 차 관리에 도움이 될 것이다.

01 | 엔진과 변속기
늘 쓰는 부분이므로 점검 주기가 짧다

엔진에서 사용자가 점검해야 하는 부분은 엔진오일과 냉각수, 팬벨트 정도다. 다른 부분, 예를 들어 타이밍벨트나 공회전 rpm 조정, 점화 시기 조정 등은 전문가에게 맡겨야 한다. 변속기는 수동변속기와 자동변속기 모두 오일만 점검하면 된다. 수동변속기는 오일이 단순한 윤활에만 사용되므로 오일 점검의 중요성이 적지만, 자동변속기는 그 작동에서 오일이 매우 중요하므로 오일의 양과 상태를 가끔씩 점검해 줘야 한다.

엔진오일

엔진은 오일이 없으면 마찰면의 온도가 급상승해서 녹아 붙는다. 어떤 엔진 내부 코팅제 광고에 보면 오일을 완전히 빼내고 1,000km를 주행할 수 있었다고 하는데, 그 뒤에 그 엔진이 어떤 상태가 되었는지에 대한 언급은 없다. 오일은 윤활 작용 외에도 엔진 각부의 열을 흡수하는 작용을 한다. 흡수한 열은 엔진오일이 엔진 밑바닥의 오일팬에 저장되어 있을 때에 오일팬 주위를 흐르는 공기를 통해 방출된다. 큰 출력을 발생하는 고성능 엔진에서는 오일팬을 통한 냉각으로는 불충분해서 엔진오일 쿨러를 따로 장착하기도 한다.

엔진오일은 냉각에 필요한 시간 동안 충분히 오일팬에 머물려면 많은 양이 필요하다. 그런데 요즈음 자동차 디자인의 흐름은 엔진의 높이를 되도록이면 낮추고, 엔진 밑부분을 차지하는 오일팬도 낮고 작게 만들 것을 요구한다. 그래서 엔진 출력의 상승과 아울러 디자인 부문의 요구에 따른 적은 용량의 오일팬 채용으로 인해 엔진 가동시 오일의 평균 온도가 나날이 높아 가고 있다.

엔진오일은 엔진에 의해 구동되는 오일펌프의 압력으로

오일은 윤활 작용 외에도 엔진 각부의 열을 흡수하는 작용을 한다. 흡수한 열은 엔진오일이 엔진 밑바닥의 오일팬에 저장되어 있을 때에 오일팬 주위를 흐르는 공기를 통해 방출된다.

엔진 곳곳의 마찰부로 보내진다. 엔진오일에 압력을 주어 보내는 까닭은 뜨거워진 엔진오일이 마찰부에서 빠져 나가서 오일팬으로 돌아가고, 대신 새 오일이 그 자리를 차지할 수 있도록 흐름을 유지시키기 위해서다. 오일펌프의 송출 압력을 임의로 올린다고 엔진 내부 마찰부에서 유막이 더 잘 유지되는 것은 아니다.

마찰부로 보내진 엔진오일은 틈새로 배출되기 전까지 유막을 형성하여 기계의 양쪽 마찰부가 맞닿는 것을 막는다. 유막을 유지하는 성능은 엔진오일의 점도에 따라 달라진다. 엔진오일의 점도는 SAE(Society of Automotive Engineers; 미국 자동차기술자협회)에서 지정한 표기 방법으로 나타낸다.

SAE 점도 표기는 5, 10, 15……50으로 나타낸다. 숫자가 높을수록 점도가 높고 고온에서도 유막 유지 성능이 뛰어나다. 하지만 고점도 엔진오일은 회전부에서 회전 저항을 일으키므로 엔진 출력을 소모하고 연비를 떨어뜨린다. 더욱 곤란한 것은, 같은 오일이라도 온도가 내려감에 따라 점도가 급격히 높아진다는 것이다. 엔진 작동 온도에서 적당한 점도를 갖는 오일도 영하 20도로 차갑게 식은 상태에서는 오일펌프로 빨아들여도 제대로 빨려들지 않을 만큼 되직하다. 이래서는 시동을 걸어도 오일이 공급되지 않고, 따라서 엔진은 시동 초기에 급속히 마모된다.

그래서 요즘 모든 오일은 온도에 따른 점도 특성을 개량했다. 고급 오일은 근본적으로 온도에 따른 점도 특성이 좋은 고급 기유를 사용하고, 저급 오일은 점도 지수 개량제를 다량 첨가하여 온도-점도 특성을 원하는 수준으로 맞춘다.

이런 오일들은 멀티 그레이드 오일(multi grade oil)이라고 하고, 두 개의 SAE 번호로 점도를 표기한다. 예를 들어 SAE 5W-30 엔진오일은 영하의 온도(W는 겨울철용임을 뜻함)에서는 SAE 5 엔진오일의 점도를 따르고, 100℃에서는 SAE 30 엔진오일의 점도를 따른다. 그냥 SAE 30

유막을 유지하는 성능은 엔진오일의 점도에 따라 달라진다. 고점도 엔진오일은 회전부에서 회전 저항을 일으키므로 엔진의 출력을 소모하고 연비를 떨어뜨린다.

짜리 오일을 영하의 온도에서 쓰려다 보면 오일이 지나치게 뻑뻑해져서 사용할 수 없다.

SAE 5W 엔진오일은 SAE 10W 엔진오일보다 저온에서 엔진이 덜 뻑뻑하므로 경쾌하게 시동이 걸린다. SAE 30 엔진오일은 SAE 50 엔진오일보다 고온에서 점도가 낮으므로 엔진의 출력 손실이 거의 없어 연비가 좋다. 반면 엔진을 가혹하게 몰아붙이면서 사용할 경우에 SAE 30 엔진오일은 유막을 제대로 유지하지 못할 수도 있다.

점도 범위를 넓히는 것이 반드시 기술력과 비례하지는 않는다. 점도 범위를 넓히는 것은 점도 지수 개량제를 얼마나 넣느냐에 따라서 달라질 수 있는데, 문제는 점도 지수 개량제를 첨가하는 방식으로는 오일을 오래 사용하면 고온 점도가 저하한다는 것이다. 따라서 실용적으로 설정할 수 있는 점도 범위가 한정된다.

10W-30 오일이 효율 면에서 가장 좋은 것으로 보인다. 날씨가 추울 때 시동 모터가 뻑뻑한 오일 때문에 힘없이 돌아간다면 저온 점도가 낮은 5W 엔진오일로 바꾸면 효과가 있다. 고온 점도에 대해서는, 레이스를 할 생각이 아니면, 30이나 40이면 충분하다. 괜히 돈을 더 주고 뻑뻑한 50짜리 오일을 구입하면 엔진의 힘에서도 손해를 보고 연비도 조금 떨어진다.

SAE 점도 표기 외에 API(America Petroleum Institute; 미국 석유협회) 등급도 엔진 오일 분류의 기준으로 쓴다. 이 등급 표시는 최신 엔진에서 요구하는 오일의 특성을 충족시키는지를 나타낸다. 가솔린엔진의 경우에 SA급부터 SJ급까지 나와 있다. 디젤엔진용으로는 CA급에서 시작된 것이 CH-4급까지 진보해 있다. API 등급은 각 등급별 최소 기준만 넘으면 딸 수 있으므로, 이 등급이 오일의 좋고 나쁨을 증명하는 것은 아니다. 오래 된 규격인 SH급 오일 중에도 최신 SJ급의 요구 사항을 뛰어넘는 우수한 엔진오일이 있다. 중요한 것은, 엔진 사용설명서에 지시된 등급

엔진 사용설명서에 지시된 등급 이하의 엔진오일은 사용하면 안 된다.

이하의 엔진오일은 사용하면 안 된다는 것이다.

엔진 기술이 진보함에 따라 오일에 요구되는 특성이 추가되었다. 예를 들어서 SF급은 SE급과 비교하면 밸브 장치의 경계윤활 상태에 대한 마모 방지 성능이 추가되었다. 최근 나오는 국산 차의 엔진에는 SG/CD급 이상의 오일을 사용하도록 지정되어 있다. 자세한 것은 각 차량의 사용설명서를 참조하면 된다.

1) 점검 방법

엔진오일의 양을 측정하는 노란색 딥스틱. 엔진 시동을 끄고 5분쯤 지난 뒤 오일의 양을 측정한다.

엔진오일 양은 엔진 시동을 끄고 5분쯤 지난 뒤에 측정한다. 엔진이 작동중일 때에는 오일을 계속 위로 퍼 올리기 때문에 오일팬에는 규정치보다 적은 양의 오일만 남아 있다. 엔진 시동을 끈 직후에도 엔진 상부로 보낸 오일이 밑으로 흘러 돌아올 때까지 시간이 걸린다. 어떤 주유소에서는 연료를 넣는 동안 엔진오일의 양을 점검해 주기도 하는데, 십중팔구 규정치보다 적게 측정된다.

엔진룸에 꽂혀 있는 엔진오일 게이지를 빼낸 모습. 오일이 묻어 나온 흔적으로 엔진오일의 양을 읽는다.

엔진오일 양을 측정할 때에는 가장 값싼 차나 가장 값비싼 차 모두 딥스틱(dipstick ; 계량봉)을 사용한다. 막대를 오일팬 속으로 담가서 어디까지 오일이 묻어 나오는지 확인하는 방법이다.

엔진오일 딥스틱은 손잡이가 노란색이다. 어떤 차에

는 'OIL' 이라고 새겨져 있다. 측정할 때에는 딥스틱을 뽑아서 끝에 묻은 오일을 휴지나 마른 걸레로 닦은 뒤 다시 측정구 속으로 딥스틱을 끝까지 밀어넣는다. 오일을 닦고 다시 넣는 것은 차가 주행중에 흔들리면서 딥스틱 여기저기에 묻은 오일은 닦아 내야 정확한 측정치를 얻을 수 있기 때문이다. 딥스틱이 잘 들어가지 않으면 90도 돌려 넣어 본다. 얇은 철판으로 만들어져 있는 딥스틱은 구불구불한 튜브의 굴곡을 따라 휘어지며 들어가야 하므로, 들어가는 각도가 맞지 않으면 방향대로 휘어지지 않는다.

딥스틱을 다시 뽑아서 어디까지 오일이 묻어 나오는지 확인한다. 오일 묻은 흔적을 알아보기 힘들면 딥스틱을 눈 높이 가까이 올리고 측면에서 반사광을 보면 된다. 딥스틱에는 로마자 알파벳 'F' 와 'L' 자가 새겨진 선이 그어져 있거나 홈이 패여 있다. F와 L은 각각 가득 참(full)과 부족함(low)를 뜻한다. 어떤 차에는 'FULL' 과 'ADD' 라고 씌어 있기도 하다. ADD는 "이 선 이하로 오일이 묻어 나오면 오일을 보충하시오"라는 뜻이다. 오일 양을 확인한 뒤에는 딥스틱을 다시 제 위치에 끝까지 꽂아 넣는다.

오일이 F선보다도 0.5cm 이상 높이 찍혀 나오면 오일을 좀 빼내야 한다. 오일이 너무 많이 들어가면 유면이 엔진 회전부에 닿아 오일에 거품이 발생해서 윤활 성능이 떨어질뿐더러, 오일의 노화가 빨라진다. 대부분의 승용차는 엔진오일이 3.6 l 쯤 들어간다. 실제 엔진오일을 교환할 때에는 예전에 넣은 오일이 조금 남아 있어서 3 l 정도만 새로 들어가면 정량에 도달한다. 그런데 대부분의 엔진오일은 4 l 들이 통으로 판매한다. 카센터에 따라서는 1 l 씩 남는 것이 싫어서 그냥 한 통을 다 들이붓기도 한다. 이렇게 되면 당연히 오일은 정량보다 많이 들어간다. 오일이 너무 많이 들어가면 오일팬에 괴어 있는 오일이 엔진 회전부에 닿아 회전을 방해하므로 엔진 회전이 무겁게 된다.

오일이 L선보다도 낮으면 보충해 줘야 한다. 오일이 부

L 또는 ADD가 표시된 선 이하로 오일이 묻어 나오면 오일을 보충하고, F 또는 FULL이라고 표시된 선보다도 0.5㎝ 이상 높이 찍혀 나오면 오일을 좀 빼내야 한다.

족한 상태로 주행하면 소량의 오일만이 쉴 새 없이 윤활 작업에 투입되므로 오일의 노화가 빨라진다. 그리고, 어떤 이유로든지 오일이 자꾸 줄어드는 것을 모른 채 엔진을 사용하다 보면, 나중에는 오일이 부족해져서 금속으로 된 마찰 부분들이 서로 맞부딪쳐서 이른바 '마찰 용접' 상태가 되기도 한다.

새로 산 차의 엔진은 오일이 거의 소모되지 않는다. 그래서 운전자들이 오일 점검의 필요성을 느끼지 못하고 지낸다. 한 달 전에 찍어 봐도 F선 가까이 나오고, 다시 찍어 봐도 F선 가까이 유지되기 때문에 오일 양을 점검해야 할 까닭을 이해하지 못한다.

하지만 엔진이 3년을 넘어가면(엔진에 따라 다르지만, 요즘 엔진은 대략 그렇다) 오일이 소모되기 시작한다. 주된 원인은 피스톤 링의 마모와 흡배기 밸브의 오일 실 고무의 마모다. 이 부분이 닳는 것은 자연스러운 현상이다. 운전자는 오일 소모량을 확인해서 오일이 L선 가까이 내려가면 보충해 주어야 한다. 엔진에 뭔가 문제가 있어서 오일이 외부로 누설되어도 오일은 줄어들지만 이런 경우는 흔하지 않다. 오일 점검은 한 달에 한 번쯤은 해 줘야 한다.

오일 양이 부족해서 보충하는 일은 직접 할 만하다. 물통에 물을 부어 넣는 것처럼 쉬운 일이다. 모든 엔진은 윗부분에 지름 5cm 정도의 검정 플라스틱 마개가 있다. 이 마개를 돌려서 열면 엔진 내부가 보인다. 그 속으로 오일을 부어 넣는다. 엔진 작동중에 마개를 열어도 문제는 없지만, 오일이 튈 수도 있으므로 시동을 *끄고* 마개를 여는 것이 좋다.

엔진오일은 주유소에서 판다. 자동차 회사의 직영 서비스센터의 부품 창구에서도 팔고, 전문 윤활유 판매점(공단 근처에는 많다)에서도 판다. 가격은 주유소가 가장 비싸고 전문 윤활유 상점이 가장 싸다(30% 가량). 구매의 편의성 면에서 보자면 주유소가 가장 좋을 텐데, 주유소는 취급

정유회사의 엔진오일을 판매하고 있다. 어디서나 4 l 들이 한 통 단위가 기본이다.

오일 보충을 할 때에는 오일 깡통을 열어서 엔진에 있는 주입구에 부으면 된다. 부을 때에 통을 옆으로 뉘여 부으면 오일이 콸콸 나오는 현상을 막을 수 있다. 보통 엔진오일 딥스틱의 F와 L선 사이에 1 l 정도 들어간다. 적정량보다 많이 넣었을 경우 오일을 도로 빼내기는 쉽지 않으니, 0.5 l 씩 넣은 뒤 오일이 밑으로 흘러내려갈 때까지 1분쯤 기다렸다가 오일 양을 측정한다. 적정량은 F선 조금 못 미치는 정도가 좋다. 다 넣은 뒤에도 10여 분에 걸쳐 오일이 서서히 밑으로 흘러내려가므로 F선까지 딱 맞춰서 주입하면 나중에 측정할 때에 F보다 높게 찍혀 나온다. 엔진오일을 꼭 F선까지 찰랑찰랑 맞춰 넣을 필요는 없다. 사실 L선 위로만 있으면 충분하다. 나는 오일을 F선 높이의 80%쯤까지만 넣고 다닌다.

넣고 남은 오일은 차 트렁크에 두기보다 집에 보관하는 것이 좋다. 오일 깡통의 마개가 그다지 정교하지 않기 때문에 트렁크에 넣은 채 차를 몰고 다니다 오일 깡통이 넘어지기라도 하면 낭패를 보기 십상이다.

2) 수명

엔진오일의 교환 주기는 보통 10,000km이다. 자동차 회사는 차량이 가혹 조건에서 사용될 경우는 5,000km마다 엔진오일을 교환하도록 지정하고 있다. 가혹 조건의 구분은 다소 모호한데, 먼지가 많이 날리는 비포장도로, 한 번 시동 걸고 5km 이내의 단거리만 움직이는 것이 대부분인 경우, 교통 체증이 심한 도심지 등이 해당된다.

엔진오일의 수명은 오일의 산화에 따라 결정된다. 산화는 오일이 공기 중의 산소와 결합하여 금속에 유해한 산성 물질을 형성하는 것이다. 산화된 오일은 금속을 부식시키고, 점도가 크게 증가하므로 윤활 작용이 필요한 부분까지 제대로 가지 않고, 또 오일 통로를 막는 찌꺼기를 만든다. 가정에서 가스레인지가 놓인 뒤쪽 벽을 보면 요리하면서 튄 식용유 방울이 오래 되어서 산화된 것을 볼 수 있다. 본디 식용유는 미끈거리지만 산화되면 점도가 높아져서 찐득거리는데, 엔진오일도 마찬가지로 변질된다.

엔진오일에는 산화를 억제하는 성분이 배합되어 있다. 이 성분은 엔진오일 중에 산화된 성분을 찾아 내서 분해하는데, 그 과정에서 소모된다. 이런 식으로 산화 방지제가 모두 소모되고 나면 엔진오일의 산화가 급속히 진행된다. 그래서 엔진오일을 어느 시점 이상 사용하면 운전자가 눈치채지 못하는 가운데 윤활 성능이 저하되고, 생성된 산성 산화물은 회전부에 내장된 섬세한 베어링 합금을 부식시킨다.

　오일은 산화되면 점도가 증가한다. 많은 사람은 엔진오일이 처음보다 점도가 떨어지면 교환하는데, 올바른 판단이 아니다. 엔진오일은 새로 부어 넣고 일 주일쯤 사용하면 벌써 처음보다 점도가 떨어진다. 그래서 엔진오일을 교환하고 나면 엔진이 조용해진 느낌이 드는데, 새로 교환한 오일은 그 동안 엔진에서 순환되던 오일보다 점도가 높아서 엔진에서 발생하는 진동을 더 잘 흡수하기 때문이다. 대신 높은 점도로 말미암아 연비와 출력에서 손해를 본다. 엔진오일은 오일의 길들이기가 끝난 뒤 그 점도로 계속 있다가, 수명이 다 되어 산화하고 나면 점도가 급격히 상승한다.

　어떤 카센터에서는 오일을 3,000km마다 교환하라고 한다. 오일을 자주 교환해서 차에 나쁠 것은 별로 없다. 하지만 오일 교환에 들어가는 비용이 만만치 않다. 카센터에서 오일을 자주 교환할 것을 권하는 이유는 수입 때문이다. 나와 주변 사람들의 경험에 따르면 엔진오일은 6,000km마다 교환하는 것이 적절하다. 고속도로나 탁 트인 국도를 주행하는 비율이 높은 차들은 조건이 좋아서 10,000km쯤 타고 교환해 주면 된다.

　새로 출고된 차는 엔진에 쇳가루가 많이 포함되어 있어서 출고 후 500km나 1,000km에 한 번 엔진오일을 교환해야 한다는 사람도 있고, 새 차가 출고될 때에 주입되는 오일은 엔진 길들이기를 촉진하기 위해 연마제 성분이 배합되어 있으므로 길들이기가 끝나면 빨리 바꿔 줘야 한다는 사람도 있으나, 그렇게 하는 것은 낭비다. 새 차 출고시 주입되는 오일 또한 시판되는 오일과 다르지 않다. 그리고, 새 차 엔진에서 쇳가루가 좀 많이 배출되는 것은 사실이지만, 쇳가루는 오일필터에서 걸러지기 때문에 엔진오일의 수명에 영향을 미치지 않는다. 새 차도 6,000km에서 엔진오일을 교환하면 된다.

　엔진오일 중에 합성유라는 것이 있다. 석유에서 곧바로

정기 점검

경험에 의하면
엔진오일은 6,000㎞마다
교환하는 것이 적절하다.

정제한 오일에 첨가제를 넣어 만든 광유와 달리, 석유나 다른 원료에서 얻은 성분을 화학적으로 합성시켜 윤활에 알맞은 액체로 만든 것이다. 겉보기에는 일반 광유와 같아 보이지만 성분은 다르다. 합성유는 광유보다 산화에 잘 견디는데, 수명이 두 배쯤 길다. 그러나 윤활 성능 면에서는 별다른 차이가 없다.

문제는 합성유의 가격인데, 광유의 네 배쯤 된다. 수명은 두 배인데 가격은 네 배라면 경제성이 없다. 특수 합성유 중에는 환상적으로 성능이 뛰어난 것도 있지만, 이런 것은 같은 무게의 은보다 비싸다. 이런 제품은 비용을 크게 따지지 않는 우주항공 분야에서 주로 쓴다. 일반 사용자가 살 만한 가격대의 합성유는 성능이 광유보다 별로 낮지도 않다.

엔진오일을 교환할 때 오일필터도 함께 교환한다. 오일필터는 깡통처럼 생긴 부품인데, 엔진 옆에 마련된 고정부에 돌려 끼운다. 몇천 원이면 살 수 있으며, 속에는 여과지가 들어 있다. 여과 성능이 뛰어나다고 선전하며 여과지의 여과 구멍 크기를 크게 줄인 오일필터들이 한때 시장에 나온 적이 있다. 이런 제품은 여과 성능이 좋다. 그러나 오일 흐름에 큰 저항을 주어서 엔진을 윤활 부족 상태에 빠뜨리는 사고가 잇따라 이제는 나오지 않는다.

카센터에서 오일을 교환하면 오일필터를 순정품으로 쓰는 경우가 거의 없다. 자동차 메이커의 인증을 받은 순정품이 꼭 최고의 성능을 보이는 것은 아니지만, 비순정품 중에는 형편 없는 엉터리 제품도 더러 있다. 덕택에 제대로 만드는 오일필터 메이커들이 욕을 먹기도 하지만, 소비자 입장에서는 수많은 비순정품 중에서 옥석을 가리기가 힘들다. 따라서 품질이 입증된 순정품을 쓰는 것이 합리적이다. 카센터에서 비순정품을 선호하는 것은 값이 훨씬 싸기 때문이다. 비순정품은 순정품 값의 반도 안 되는 경우가 많다. 사실은 순정 부품의 가격에 거품이 많이 끼어 있다.

수동변속기 오일

수동변속기 오일은 중요도가 낮다. 작동 온도가 낮아서 산화도 느리게 진행되므로 수명이 매우 길다. 40,000km마다 교환하는 이유도 변속기의 톱니바퀴에서 나온 쇳가루 때문이다. 어떤 차(주로 대우자동차)는 폐차할 때까지 수동변속기 오일을 교환하지 않아도 된다.

엔진오일은 연소실에서 타 버리기 때문에 천천히라도 소모되지만, 수동변속기 오일은 소모되는 일이 없다. 그래서 사실상 점검할 필요가 없다. 수동변속기 오일은 교환 주기가 길고 보충할 필요도 없기 때문에 오일 주입구도 어색한 위치에 있다(변속기의 측면에 있는데, 차 밑에서만 보인다).

수동변속기에는 자동변속기에 있는 오일필터가 없다. 그렇기 때문에 변속기 톱니바퀴에서 발생하는 쇳가루가 너무 많이 함유되면 변속기 작동에 지장을 받는다. 수동변속기는 길들이기가 끝나는 10,000km쯤에서 오일을 한 번 교환해 줘야 한다. 그 후로는 40,000km마다 오일을 교환하면 된다.

변속기 오일은 자주 교환하는 품목도 아니고 사용량도 적기 때문에, 시장에 나와 있는 제품 수가 적어서 제품 선택의 여지가 거의 없고 성능도 다 비슷하다. 한 가지 주의할 점은 사용설명서에 지시된 것 이상으로 최신 오일을 넣으면 변속기 내부가 부식되는 경우가 있다는 것이다. GL-4급만 사용하라고 지시된 차에 그보다 신제품인 GL-5급 오일을 넣으면 변속기를 망가뜨리게 된다. 그러나 엔진오일의 경우는 이런 문제가 없다. SG급을 넣으라고 지정된 엔진에 SJ급 엔진오일을 넣어도 된다.

자동변속기 오일

자동변속기는 유압 제어식이다. 오일펌프로 압력을 발생시킨 뒤 제어밸브로 원하는 클러치와 브레이크 피스톤

수동변속기 오일은 점검할 필요가 없다.

정기 점검

에 유압을 걸어서 변속 동작을 완성시킨다. 수동변속기 오일이 단순히 윤활유로만 사용되는 데 반해 자동변속기 오일은 유압 작동유로서의 기능이 중요하다.

자동변속기 오일은 유압 클러치에도 들어가기 때문에 점도와 마찰 특성이 매우 중요하다. 호환성이 없는 오일을 사용할 경우 마찰 특성 차이로 인해서 충격적인 변속 동작을 유발하거나, 클러치가 미끄러지는 시간이 지나치게 길어져서 클러치 표면 재료가 상한다. 자동변속기 오일은 웬만하면 다른 제품을 사용하지 말고 메이커 순정품을 사용하는 것이 좋다. 그냥 DEXRON II나 III를 사용하도록 지정된 자동변속기는 다른 정유회사의 DEXRON II나 III를 사용해도 되지만, 특정한 오일을 지정한 자동변속기는 다른 오일은 어떤 것도 호환되지 않는다. 현대자동차의 자동변속기가 대개 그렇다.

1) 점검법

자동변속기 오일 점검에는 엔진오일처럼 딥스틱을 사용한다. 자동변속기 오일 양을 점검할 때에는 자동차를 10분 이상(겨울에는 20분 이상) 주행해서 변속기 오일이 정상 온도로 올라간 뒤 시동을 건 채로 변속 선택레버를 P부터 L까지 각 위치로 천천히 움직여서 변속기의 모든 유압

계통에 오일이 차도록 한다. 시동이 걸린 상태에서 선택레버를 N으로 놓고 변속기에 꽂힌 딥스틱을 뺀다. 딥스틱 손잡이는 흰색이나 붉은색이다. 엔진룸이 깨끗하지 않은 차라면 흰색이고 뭐고 할 것 없이 몽땅 시커먼 먼지로 뒤덮여 있어서 찾기 힘들 수도 있다.

위의 방법이 일반적이지만 차에 따라서는 선택레버를 P에 놓고 측정하는 경우도 있다. 차와 함께 제공되는 사용설명서는 차 관리 요령의 바이블 같은 것이므로, 각종 점검을 할 때에는 언제나 참고해야 한다. 설명서를 보면 P에서 오일 양을 측정해야 하는지, N에서 측정해야 하는지가 명확히 나와 있다.

어떤 차는 딥스틱이 상당히 낮은 위치에 꽂혀 있어서 팔을 깊숙이 뻗어야 닿는 것도 있다. 이런 경우 옷소매나 넥타이, 목걸이가 엔진 냉각팬에 걸리지 않도록 특히 주의해야 한다. 전동식 엔진 냉각팬은 엔진 온도가 높을 때에만 간헐적으로 회전하므로 정비중에 어느 때고 자동적으로 회전할 수 있다. 엔진이 따뜻한데도 전동 냉각팬이 잘 회전하지 않는다고 해서 냉각팬 날개를 손가락으로 시험 삼아 돌려 보다가 그때 하필 냉각팬이 갑자기 회전하는 바람에 손가락을 크게 다친 정비사도 있다.

오일 점검 딥스틱을 빼내서 휴지나 마른 걸레로 기름기를 닦아 낸 뒤에 다시 끝까지 꽂아 넣었다 빼낸다. 엔진오일 딥스틱처럼 F선과 L선이 찍혀 있는데, 자동변속기 오일 딥스틱에는 좀 특이한 것이 있다. ‘COLD’ 라고 씌어진 영역과 ‘HOT’ 이라고 씌어진 영역에 각각 F와 L선이 새겨져 있다. COLD 영역은 HOT 영역보다 낮은 곳에 있다.

자동변속기 오일 양을 측정할 때에는 반드시 HOT 부분의 눈금을 사용해야 한다. COLD 눈금은 공장에서 새 자동변속기에 차가운 변속기 오일을 주입할 때에 참고하는 눈금이다. 오일은 온도에 따라 팽창하고 수축하기 때문

자동변속기 오일은 점검 스틱 아래쪽의 COLD 영역과 위쪽의 HOT 영역에 각각 최소 선과 최대 선이 새겨져 있다. 반드시 HOT 영역을 사용하여 읽어야 한다.

에 COLD 눈금은 HOT 눈금보다 낮은 곳에 있다. 온도에 따른 열팽창 때문에 변속기 오일 양은 충분히 웜업을 한 뒤에 측정해야 한다. 혹시 웜업이 안 된 상태에서 오일 양을 측정하려면 COLD 눈금을 참조하면 될까? 그렇지 않다. 웜업이 안 된 상태에서 COLD 눈금을 사용하면, 실제 주입된 변속기 오일 양보다 적은 것으로 잘못 표시된다. 그것은 '토크 컨버터에 채워진 오일' 때문이다. 공장에서 처음 오일을 부을 때에는 토크 컨버터에 오일이 채워지지 않는다. 일단 자동변속기가 회전하면 토크 컨버터에 상당한 양의 오일이 채워지고, 이 오일은 시동을 꺼도 남는다. 그래서 일단 회전한 자동변속기는 차가운 상태에서 COLD 눈금으로 측정하더라도 토크 컨버터에 채워진 오일 양만큼 부족한 것처럼 지시된다.

오일 양을 측정할 때에 시동을 걸고, 선택레버를 N 위치에 놓고 하는 이유도 토크 컨버터에 오일을 꽉 채워 넣은 뒤 남은 오일 양을 측정하기 위한 것이다.

오일이 너무 많이 들어 있으면 오일팬에 저장된 오일이 회전하는 톱니바퀴에 닿아서 거품이 발생한다. 오일에 거품이 발생하면 윤활 성능이 떨어지는 것은 물론이고, 유압 계통에서 제대로 압력을 전달할 수 없어서 원활한 변속 동작을 가로막게 된다. 게다가 오일이 공기 중의 산소와 접촉하는 면적이 크게 증가하므로 산화도 빨라진다. 반대로 오일이 너무 적으면 오일펌프가 제대로 오일을 흡입하지 못해서 유압회로에 공기가 들어가므로 변속 동작이 거칠어지고, 윤활 성능도 떨어진다.

자동변속기 오일은 엔진오일과 달리 자연적으로 소모되는 일은 없다. 자동변속기 오일이 줄어든다면 어디에선가 새는 것이다. 자동변속기 오일 양의 점검은 3개월에 한 번쯤 하면 된다.

자동변속기 오일이 줄어든다면 어디에선가 새는 것이다. 자동변속기 오일 양의 점검은 3개월에 한 번쯤 하면 된다.

2) 수명

자동변속기 오일의 수명도 산화에 따라 결정된다. 산화는 온도가 올라갈수록 가속되므로, 자동변속기 오일의 작동 온도가 높아질수록 수명이 급속히 짧아진다. 자동변속기 오일은 특히 열을 많이 받기 때문에 사용 방법에 따라 수명에 차이가 많다.

자동변속기 오일의 수명은 40,000km이다. 10만km 무교환 자동변속기 오일을 쓰는 메이커도 있는데, '가혹 조건시 40,000km' 라는 단서를 달고 있다. 자동변속기 오일은 작동 온도만 충분히 낮게 유지하면 수명이 길다. 모든 자동변속기 차들이 엔진 라디에이터 내부에 수냉식 자동변속기 오일 쿨러(oil cooler)를 내장하고 있는데, 용량이 넉넉한 것은 아니어서 엔진 출력을 최대한 활용하는 습관을 가지고 운전을 하면 오일 온도가 심하게 올라간다. 택시용 차는 수냉식 오일 쿨러 외에 공랭식 오일 쿨러가 추가로 달려 나온다. 승용차 중에도 택시용 공랭식 오일 쿨러를 차량이 출고된 뒤에 개조하여 장착할 경우가 있다.

자동변속기 내에서는 연료가 연소되지도 않고 고온이 발생할 부분이 없는데도 변속기 오일의 온도가 올라가는 경우가 있다. 그 주범은 바로 토크 컨버터(torque converter)다. 토크 컨버터는 선택레버 D에서 정차할 때에도 엔진 시동이 꺼지지 않도록 해 주는 자동변속기의 핵심 부품이다. 토크 컨버터는 유체(자동변속기 오일을 말함)의 흐름을 이용해서 동력을 전달한다. 급한 경사를 높은 엔진 출력으로 올라가거나 정지 상태에서 급가속할 때에, 토크 컨버터에서 흐르는 유체, 곧 오일은 토크 컨버터의 운동 에너지 때문에 온도가 높아진다. 바람직하지 않은 작용이나 어쩔 수 없다. 뜨거워진 오일은 라디에이터에 장착된 오일 쿨러를 통과하지만 그래도 온도는 높다. 토크 컨버터에서 나가는 자동변속기 오일의 온도는 작동시 최고 150℃로, 집에서 튀김 음식을 만들 때의 기름 온도보다 조금 낮은 정도다.

고온으로 인해 자동변속기 오일이 산화되면 부식성 물질을 생성하고, 변속용 유압제어 밸브의 움직임을 방해할 수 있는 끈적거리는 물질도 생성한다. 변속기 내부의 정밀한 표면이 부식되고 유압제어 밸브의 움직임이 끈적거리는 물질에 의해 방해받으면, 변속될 때에 충격이 일어나거나 몇 초쯤 변속되지 않다가 "쿵" 하고 급작스럽게 변속되는 현상도 나타난다. 그런 상태가 오랜 기간 지속되면 변속기에 돌이킬 수 없는 기계적 고장이 발생한다. 그러므로 자동변속기 오일의 교환 시기를 놓치지 않는 것이 변속기 수명을 연장하는 데에는 매우 중요하다. 자동변속기 오일은 메이커에서 지정한 교환 주기의 절반쯤에서 일찍 교환하는 것이 좋다. 10만km마다 교환하라고 지시되어 있으면 50,000km에서 교환하고, 40,000km마다 교환하라고 되어 있으면 30,000km에서 교환하는 것이 안전하다.

다행히 요즘은 자동변속기가 고장나도 예전만큼 수리비가 비싸지 않다. 중형차의 자동변속기 수리비는 예전에 백만 원을 넘기도 했는데, 요즘은 전문 수리점에서 한결 싸게 고칠 수 있다.

자동변속기 오일은 교환 비용이 비싸다. 오일 자체가 비싸기도 하지만 함께 교환하는 오일필터가 워낙 비싸기 때문이다. 엔진오일 교환 비용에 견주어, 자동변속기 오일 교환 비용이 세 배쯤은 비싸다고 보아야 한다. 오일필터를 교환하지 않고 청소해서 재사용하는 철망 스크린 방식 필터를 사용하는 차종에서는 오일필터를 교환할 필요가 없으므로 비용이 한결 덜 먹힌다.

자동변속기 오일의 수명도 산화에 의해 결정되므로, 일부 카센터에서 말하는 것처럼 길들이기가 끝나는 1,000km에서 오일을 한 번 교환해야 한다는 말은 틀린 것이다. 자동변속기도 길들이기 기간에 쇳가루가 많이 나오기는 하지만, 자동변속기의 오일필터는 여과 능력이 강력해서 수동변속기와 달리 쇳가루 문제는 전혀 걱정하지 않아도 된다.

자동변속기 오일의 교환 시기를 놓치지 않는 것이 좋다. 변속기 수명을 연장하는 데에 매우 중요하기 때문이다.

여러 가지 윤활용 기름과 용도

자동차를 관리하다 보면 여기저기에 쳐 주어야 할 기름이 많다. 그리고 가정에서도 문 경첩, 환풍기나 선풍기 모터에 쳐야 할 기름이 다르다.

식용유 조리용 콩기름은 어느 집에나 있다. 식용유의 윤활 성능은 나쁘지 않지만 산화에 의한 변질이 매우 빠르게 진행되므로 1년쯤 지나면 냄새가 불쾌해지고 끈적해진다. 가정에서 문 경첩 등에 바르면 윤활 효과가 있지만, 급한 경우가 아니면 되도록 사용하지 않는 것이 좋다.

WD-40 이것은 미국 'WD-40' 회사의 등록상표다. 특정 상표지만 워낙 유명해서 코미디 영화 '스파이 하드(Spy Hard)'에서 주인공의 암호명으로 쓰기도 했다. 나는 초등 학교 때부터 WD-40이 집에 있어서 사용했는데, 에프킬라 통처럼 생긴 깡통에서 기름이 나오는 것이 신기해서 여러 군데에 뿌리며 다니기도 했다.

점도가 낮은, 다시 말해 묽은 광유로서 금속 표면에 유막을 형성하여 오랜 시간 방치해도 녹이 생기지 않으며, 마찰부에 뿌리면 윤활 효과가 있다. 만능 오일 스프레이라고 봐도 좋을 만큼 여러 곳에서 위력을 발휘한다. 잘 돌아가지 않는 열쇠 구멍에 뿌리면 열쇠가 잘 돌아가고, 삐걱거리는 문 경첩에 뿌리면 조용해지고, 삽에 뿌려 놓으면 오랫동안 밖에 두어도 녹이 슬지 않는다. 또 꽉 조여지고 녹슬어서 풀리지 않는 볼트에 뿌리고 10분쯤 지난 뒤에 풀어 보면 풀리기도 한다.

WD-40은 방청(녹 방지)과 윤활 면에서 만능이지만, 각 용도별로 나온 전용 제품에 비하면 효능이 떨어진

WD-40은 녹 방지 및 윤활 효과가 있는 편리한 스프레이지만, 고하중이 걸리는 곳이나 물에 씻겨 나가기 쉬운 곳에 쓰기는 부적합하다.

다. 방청 효과로는 엔진오일이나 그리스, 바셀린에 뒤지고 윤활 효과에서는 재봉틀 기름이나 엔진오일, 'LPS-1'에 비해 떨어진다. 그렇긴 하지만 한 제품으로 여러 분야에 활용할 수 있어서 일반 가정 비치용으로는 최적의 제품이다.

WD-40의 부수적인 기능으로는 전기 접점 세척과 스티커 접착제 제거가 있다. 접촉 불량을 일으키는 전기 접점에 뿌리면 접촉 불량이 해소되고, 스티커를 뗀 자리에 남아 있는 접착제에 WD-40을 뿌리고 닦아 내면 깨끗이 지워진다. 다시 그 자리에 다른 스티커를 붙이려면 남아 있는 WD-40의 기름기를 유리 세정제로 깨끗이 닦아 내야 한다.

엔진오일 엔진오일뿐만 아니라 변속기 오일도 마찬가지로 쓸 수 있다. 엔진에 보충하는 용도로 구입한 엔진오일을 집에 가지고 있다면 다른 기계장치에도 윤활용으로 사용할 수 있다. 소리가 나는 자동차 문의 경첩이나 선풍기 모터의 베어링에 사용해도 된다. 점도가 높기 때문에 무거운 하중에도 유막이 잘 견딘다.

재봉틀 기름 예전에는 거의 집집마다 재봉틀이 있어서 재봉틀 기름도 벽장 속에 한 병씩은 있었다. 하지만 신부 혼수품 목록에서 재봉틀이 빠진 지 오래인 만큼, 이제는 재봉틀 기름을 쉽게 구할 수 없다. 그래도 아직은 철물점에서 싼 값에 살 수 있다. 엔진오일과 비슷한 용도로 쓰지만, 점도가 낮아 경량 정밀 기기에 사용해도 회전에 방해가 되지 않는다. 나는 욕실 환풍기의 모터 베어링 급유 펠트에 2년에 한 번씩 주입하고 있다. 환풍기용 모터는 베어링이 소결燒結 합금 베어링으로 되어 있는데, 2년에 한 번쯤은 오일을 보충해 줘야 한다. 자동차용 문 경첩에 사용해도 좋다. 점도가 낮아 좁은 틈새까지 잘 스며들지만 무거운 하중에는 유막이 파괴되므로 쓰지 않는 편이 낫다. WD-40보다 점도가 조금 높다.

바셀린 바셀린은 약국에서 쉽게 구할 수 있고, 화상 따위에 대비해서 많은 가정에서 상비약으로 갖추고 있다. 겉보기로는 점도가 높고 그리스와 비슷한 것 같지만, 그리스와 달리 온도가 올라가면 점도가 급격히 낮아진다. 프린터나 카세트 라디오의 톱니바퀴 부분에 바셀린을 조금 바르면 소음이 줄어든다. 다른 오일과 달리 흘러 떨어지지 않고 바른 곳에 그대로 남아 있다. 그리스가 없을 때에 대용품으로 쓸 수 있다.

파라핀(양초) 뻑뻑한 미닫이문의 레일, 나무 서랍, 바지 지퍼에 문지르면 윤활 효과가 좋고, 고체로 남기 때문에 다른 곳에 잘 묻지도 않아 깨끗하다. 그러나 흐르지 않기 때문에 기계장치의 윤활부에 바르기가 어려워서 윤활제로서의 실용성은 적다.

그리스 세차장에 가면 왁스통처럼 생긴 깡통에 담긴 것을 팔곤 한다. 여러 정유회사에서 각 용도별로 수십 종의 그리스를 내놓고 있지만, 쉽게 구할 수 있는 것은 다목적용 만능 그리스다. 그리스는 낮은 속도로 마찰하는 부분에 효과적인데, 자동차에서는 각종 잠금 장치(열쇳구멍말고 실제 꽉 물리는 잠금 부분)에 2년에 한 번쯤 얇게 발라 준다. 스티어링 휠 옆에 붙어 있는 깜박이 스위치가 뻑뻑할 경우 분해해서 작동 부분에 그리스를 바르면 작동 감각이 훨씬 부드러워지고, 자동변속기 변속레버 밑을 분해해서 꼼꼼히 발라 줘도 작동이 부드러워진다. 서랍식으로 나오는 재떨이의 안내 레일 부분에 조금 발라 주면 재떨이를 꺼낼 때에 뻑뻑하지 않다.

LPS-1 중외상사에서 나온 비유지성 스프레이식 윤활제다. 비유지성非油脂性이라서 먼지를 빨아들이지 않고 고무 제품에 해가 없다. 액체 상태로 윤활 효과를 내지 않고 마른 뒤 피막 형태로 윤활 효과를 낸다. WD-40으로 윤활시킬 수 있는 부분에는 다 사용할 수 있다. 사용 뒤 끈적거리지도 않고 냄새도 없으므로 가정용 카세트 라디오의 안테나에 발라 주면 빼낼 때에 부드럽다. 특히 열쇳구멍에 효과가 좋다. 유막이 퍽 얇아서 큰 하중에는 사용할 수 없다. LPS-1은 특히 전기 접점 세척 기능이 우수하다. 전자제품의, 낡아서 지직거리는, 회전식이나 레버식 스위치에 뿌리면 새 것 같은 상태로 돌아온다. 갖가지 커넥터의 접촉 부분에 뿌려 주면 꽂거나 빼낼 때에 힘이 적게 들고, 접촉 상태도 좋아진다. WD-40도 같은 기능을 하는데, 수명이 2년 정도로 짧다. 'LPS Home(홈)'이라는 제품도 있는데, 가정용으로 쓰기 좋게 향료를 첨가한 것말고는 차이가 없다.

뿌리는 그리스 뿌릴 때에는 액체지만 마른 뒤에는 되직한 그리스가 된다. 액체의 침투력과 그리스의 하중 능력을 겸비한 좋은 제품이다. 내가 사용하는 것은 미제 '슈퍼 루브(Super Lube)'인데, 국산도 있다. 녹 방지 효과도 있다. 자동차 문 경첩이나 잠금 장치에 조금 사용하면 침투력이 뛰어나서 효과가 좋다. 회전의자의 바퀴 베어링에 뿌려 주면 속으로 잘 들어가고, 하중 능력이 좋아서 바퀴가 매끄럽게 굴러다닌다.

실리콘 오일 실리콘 그리스는 끈적거리는 물질이지만, 실리콘 오일은 미끄러운 액체다. 스프레이 깡통에 들어 있어서 대상물에 뿌린 뒤에 닦아 주면 매끄러운 막을 형성한다. 액체 상태에서는 갖가지 플라스틱류를 녹이므로 사용할 때 각별히 주의해야 한다. 매끄러운 감촉과 달리 윤활 효과는 썩 좋지 않다.

*WD-40은 웬만한 철물점에는 다 있다. LPS-1이나 뿌리는 그리스, 실리콘 스프레이는 공단 주변의 공구 상가에 있는 스프레이 제품 전문 상점에서 구할 수 있다. 나는 서울 종로 3가 서울극장 맞은편에 있는 상가에서 구입한다. 값은 만 원을 밑돈다.

냉각수

거의 모든 자동차용 엔진은 수냉식(water-cooled) 엔진이다. 엔진이 직접 공기 중으로 열을 내뿜는 공랭식 엔진은 소형 모터사이클에 주로 사용한다. 수냉식 엔진은, 장치가 복잡하고 수냉 장치 때문에 무게가 더 나가지만, 엔진 전체에 걸쳐 냉각 효과가 균일해서 엔진의 작동음이 더 조용하고 고출력을 내는 데에 유리하기 때문에 선호된다. 모터사이클도 배기량이 큰 엔진은 수냉식이 많다.

냉각수는 엔진에서 열을 받아서 라디에이터에서 열을 내놓는 열 전달 물질이다. 물은 비열比熱이 높은 물질이기 때문에 소량만 순환시켜도 많은 열을 전달할 수 있어서 열 전달 물질로서 알맞다. 냉각수는 보통 85℃ 정도의 온도로 순환을 계속한다.

1) 수량 점검법

냉각수 보조탱크(오른쪽)와 워셔액 탱크(왼쪽), 둘은 모두 반투명 플라스틱으로 만들어져 있지만 냉각수 보조탱크에는 라디에이터와 연결되는 고무 호스가 꽂혀 있다.

냉각수 양이 적으면 엔진 내부에서 냉각수가 채워지지 않는 부분이 생겨서 국부적으로 냉각 불량으로 인한 고장이 난다. 냉각수 양은 반투명 플라스틱으로 된 냉각수 보조탱크에 들어 있는 예비 냉각수의 양으로 확인한다. 냉각수 보조탱크는 라디에이터 캡과 고무 호스로 연결되어 있으므로 찾기 쉽다. 어떤 차들은 라디에이터 캡이 없는데,

그 경우에도 라디에이터와 직접 고무 호스로 연결된 반투명 플라스틱 통을 찾으면 된다. 냉각수 보조탱크를 앞유리 워셔액 통과 혼동하는 사람이 있다. 둘 다 색깔 있는 물이 담겨 있지만, 워셔액 통은 마개에 물을 내뿜는 앞유리 그림이 그려져 있고 마개를 쉽게 열 수 있지만, 냉각수 보조탱크의 마개는 매우 뻑뻑하여 열기가 어렵다. 냉각수 보조탱크를 열 경우보다는 워셔액을 보충할 기회가 훨씬 많으니까 그렇게 만들어 놓은 것 같다.

냉각수 보조탱크 마개에 "뜨거울 때에 열지 마시오"라는 내용의 스티커가 붙어 있다면, 냉각수가 뜨거울 때에 열어서는 안 된다. 라디에이터 캡이 없는 차종에 이런 스티커가 붙어 있는데, 이 경우는 냉각수 보조탱크 마개가 압력 마개로 되어 있어서, 엔진이 뜨거울 때에는 냉각수가 팽창하려는 압력을 억제하는 역할을 한다. 이때에 마개를 열면 "쉬이" 하고 김이 나오거나, 엔진이 아주 뜨거울 때에 열면 콜라병을 한참 흔들다가 마개를 딴 것처럼 0.2초쯤 뜸을 들이다가 맹렬한 기세로 거품과 김(물론 엄청나게 뜨겁다)이 분출된다.

냉각수 보조탱크 마개에 뜨거울 때에 열지 말라는 경고가 없는 차종은 엔진이 뜨거울 때에 마개를 열어도 상관 없다. 다만 이 경우도 라디에이터 캡에 뜨거울 때에는 열지 말라는 경고문이 씌어 있을 것이고, 뜨거울 때에 라디에이터 캡을 열려면 압력 분출과 화상에 단단히 대비해야 한다.

냉각수의 양은 엔진이 충분히 웜업된 상태에서 냉각수 보조탱크의 최대 선과 최소 선 사이에 냉각수면이 있어야 한다. 최소 선보다 낮으면 엔진이 식으면서 냉각수 보조탱크에서 냉각수를 회수해 갈 때에 냉각수가 부족해서 공기가 냉각 계통으로 들어갈 수 있다. 냉각 계통에 공기방울이 많이 들어가면, 냉각수 순환 펌프의 성능이 떨어지거나 냉각수 온도 감지 센서가 제대로 동작하지 못해서 전동 냉각팬이 필요할 때에 동작하지 않는다. 냉각수면이 최대 선보다 높으면, 엔진이 고출력 운전을 해서 냉각수가 열팽창할 때 냉각수 보조탱크 밖으로 냉각수가 흘러넘칠 수 있다. 이럴 경우, 큰 문제는 아니지만 엔진룸을 더럽히게 된다.

2) 수명

냉각수의 수명은 3년이다. 냉각수가 맹물로만 되어 있다면 수명 같은 것은 없을 것이다. 물은 변질되지 않기 때문이다. 냉각수의 수명은 혼합된 부동액에 들어 있는, 녹이 스는 것을 방지하는 방청제가 소모되는 정도에 달렸다. 방청제 성분이 없는 맹물을 냉각수로 써 보면 한 달도 안되어 물은 흙탕물 색깔이 되고 알루미늄 라디에이터 내부는 갈색 부식 생성물로 뒤덮인다. 맹물은 금속을 부식시키기 때문에 반드시 부식을 억제하는 방청제를 혼합해야 하는데, 방청제 성분은 부동액에 미리 배합되어 있다.

방청제로는 인산염과 규산염을 사용하는데, 이 두 가지는 독극물이다. 그러므로 부동액은 절대로 먹어서는 안 된다. 방청제는 녹을 방지하면서 서서히 소모되어 함량이 낮아진다. 3년마다 냉각수를 교환해서 방청제 성분을 보충해 주는 것이 엔진 수명의 연장을 위해 좋다. 3년 안에 교환할 필요는 없다. 수명 5년짜리 부동액을 사용하는 차도 있으니, 각 차의 사용설명서를 읽어 보는 것이 좋다.

요즘의 부동액은 모두 '알루미늄 라디에이터 겸용' 이라는 문구를 달고 있다. 요즘 차에 사용하는 알루미늄 라디에이터에 적합한 방청제를 사용하였다는 뜻이다. 예전에는 라디에이터를 얇은 황동 튜브로 만들었는데, 무겁고 열전도율이 나빠서 알루미늄 라디에이터가 개발되자마자 곧 사라져 버렸다.

3) 기능

부동액은 방청 효과만을 위해 사용하는 것이 아니다. 부동액(antifreeze)이라는 말 그대로, 겨울에도 냉각수가 얼지 않고 순환하면서 수냉 기능을 유지하도록 하기 위한 것이다. 맹물은 0℃에서 언다. 물은 얼 때에 부피가 증가하므로(이것은 매우 특이한 성질이다. 흔히 물질은 고체화할 때에 부피가 감소한다), 엔진 내부의 워터 재킷에 가득 들어 있는 물이 얼면 워터 재킷이 깨지기 쉽다. 워터 재킷이 깨지면 엔진을 교환하는 것 외에는 달리 방법이 없으므로 미리 신경 써야 한다.

워터 재킷이 깨질 만큼 심하게 얼지 않았다 하더라도 냉각수가 얼어 버리면 순환이 되지 않으므로, 엔진 안쪽은 쇠가 녹아 붙을 정도로 온도가 올라가도 라디에이터 내에 채워진 냉각수 얼음이 냉각수의 순환을 가로막음으로써, 한겨울에 과열로 말미암아 엔진이 손상되는 웃지 못할 사고가 벌어지기도 한다.

그런데 맹물에 부동액 성분을 혼합하면 고등 학교 물리 시간에 배운 라울의 법칙에 의해 0℃보다 더 낮은 온도까지도 액체 상태를 유지한다. 라울의 법칙에서 중요한 것은 "두 물질이 섞였을 때에 어는점이 내려간다"는 것이다. 반드시 두 물질이 섞여야 한다.

100% 부동액은 영하 11℃에서 언다. 그래서, 아주 추운 날, 밖에 내놓은 부동액 통이 얼어붙는 일이 있다. 그런데 물과 부동액이 섞이면 원재료인 물이나 부동액보다도 낮은 온도에서 언다. 부동액을 60% 혼합한 냉각수는 영하 53℃에서 언다. 앞서 라울의 법칙에서 말했듯이 둘은 섞여야 효과를 발휘한다. 부동액이 너무 적어도 어는점은 올라가고, 물이 적어도 어는점은 올라간다.

실제로는 부동액 60%라는 농도는 거의 사용하지 않는다. 보통 쓰는 농도는 40%(어는점 영하 25℃)다. 부동액 성분은 물에 비해 비열이 낮아서 냉각용 물질로서는 성능이 떨어진다. 그래서 부동액이 너무 많이 배합된 냉각수는 비열 저하로 인해 엔진 최대 출력에서 충분히 열을 전달하지 못할 우려가 있다. 그런데 카센터에서는 보통 4ℓ 들이

부동액 성분은 물에 비해 비열이 낮아서 냉각용 물질로서 성능이 떨어지기 때문에, 부동액이 너무 많이 배합된 냉각수는 비열 저하로 인해 엔진 최대 출력에서 충분히 열을 전달하지 못할 우려가 있다.

부동액 한 통을 다 붓는다. 웬만한 중형차의 냉각수 용량
이 6 l 인 것을 감안하면 66%의 엄청난 농도로 부동액을
배합하는 것이다. 카센터에서야 한 통 뜯어서 조금 남겨
봐야 처리하기만 곤란하기 때문에 다 붓는 것이지만, 그러
면 최적 부동액 농도를 벗어나게 된다. 이런 문제를 줄이
기 위해 요즘은 2 l 짜리 작은 통도 판다. 부동액 2 l 를 부
으면 33%의 부동액 농도가 되는데, 이 정도면 우리 나라
어디에서도 문제가 없다.

부동액은 냉각수가 얼어붙는 것을 방지할 뿐만 아니라
끓어 넘치는 것도 억제한다. 엔진이 고출력으로 동작하면
냉각수 온도가 올라간다. 맹물은 100℃에서 끓어서 증기
로 되면서 갑자기 압력이 상승해서 라디에이터 캡을 통해
희뿌연 김을 분출한다. 냉각수가 끓으면 순환 능력이 떨어
지므로 엔진을 더 혹사시키지 말고 엔진을 가동시킨 채
(냉각수 펌프는 계속 돌려 줘야 하니까) 공회전 상태로 좀
방치해서 엔진 온도가 내려가기를 기다려야 한다.

맹물에 부동액을 60% 혼합하면 끓는점이 111℃로 올라
간다. 더 높은 온도까지 끓지 않고 냉각 성능을 유지하므로
엔진이 더 고출력에서 지속적으로 버틸 수 있다. 부동액을
혼합했을 때에 냉각수의 끓는점이 올라가는 것 또한 라울
의 법칙이다.

이 밖에 부동액은 냉각수에 윤활 성능을 부여해서 냉각
수 순환 펌프의 밀폐용 고무 실(seal)을 더 오래 사용할
수 있도록 한다.

시판되는 부동액의 주성분은 에틸렌 글리콜(ethylene
glycol)이다. 맛이 달짝지근하다. 나는 차를 정비하다가
본의 아니게 좀 냉각수를 맛본 적이 있다. 물론 곧바로 뱉
어 내고 맹물로 입을 헹궜다. 앞서 말한 대로 부동액은 독
극물이기 때문이다. 엔진이 과열되어서 냉각수가 끓으면
방출되는 증기도 에틸렌 글리콜 때문에 달짝지근한 냄새
를 풍긴다. 언젠가 주행중에 제과점에서 파는 밤과자 같은

부동액은
냉각수가
얼어붙는 것을
방지할 뿐만 아니라
끓어 넘치는 것도
억제한다.

정기 점검

단 냄새가 계속 나기에 어디서 이런 냄새가 나는가 싶어서 살펴보니, 내 차 엔진 후드에서 흰 김이 모락모락 피어오르는 것이 아닌가. 온도 센서 불량으로 인해 냉각팬이 회전하지 않아서 엔진이 과열된 것이었다.

부동액에는 어두운 녹색 또는 청색의 형광색소가 배합되어 있는데, 이것은 다른 액체들과 구별하기 쉽게 하기 위해서다. 색깔이 있어서 냉각수 보조탱크에서 냉각수 양을 확인할 때도 편리하다. 자주색 부동액도 있는데, 이것은 주성분이 프로필렌 글리콜이다. 프로필렌 글리콜 부동액은 에틸렌 글리콜 부동액에 비해 독성이 적다. 그래서인지 값이 좀 더 비싸지만 성능에는 차이가 없다. 프로필렌 글리콜과 에틸렌 글리콜 부동액은 혼합해서 사용하면 안 된다. 부동액을 다른 종류로 바꿔 사용하려면, 쓰던 부동액을 빼낸 뒤 맹물로 냉각 계통을 충분히 헹궈 낸 다음 새로운 종류의 부동액을 넣어야 한다.

4) 여름용 냉각수

날이 더워지는 유월쯤 되면 카센터에 여름용 냉각수 제품이 나온다. 플라스틱 통에 든 맑은 파란색 액체인데, 부동액을 빼내고 이것을 냉각수로 사용하면 여름철 엔진의 과열을 예방할 수 있다고 한다. 이 액체의 성분은 맹물과 방청제, 그리고 청색 색소다. 냉각 성능 향상에 효과가 있을까? 답은 "그렇다"이다. 그런데 속사정을 알고 보면, 과연 필요한지 고개를 갸우뚱하게 된다.

앞서, 부동액은 비열이 물보다 낮기 때문에 부동액 함량이 너무 높으면 냉각수의 열 전달 능력이 조금 줄어든다고 했다. 50% 에틸렌 글리콜 용액의 비열은 맹물의 85%이다. 부동액이 배합된 냉각수를 빼내고 맹물을 부동액으로 사용한다면 높은 비열로 인한 열 전달 능력 향상을 꾀할 수 있다. 이것이 여름용 냉각수의 원리다.

맹물만 넣으면 냉각 계통이 부식되기 때문에 방청제를 혼합해야 한다. 맹물에 방청제만 혼합해서 투명한 색 그대로 팔면 고객들이 맹물과 차이가 없다고 할지도 모르니까 청색 색소를 배합한다. 앞유리 워셔액에도 괜히 청색 색소를 배합하는 것은 아니다. 여름용 냉각수와 같은 원리로 색소를 배합한다. 이것이 시원한 파란색의 여름용 냉각수이다.

여름용 냉각수는 물론 부동액이 혼합된 물과 비교해 비열이 높기 때문에 냉각수로 더 알맞다. 그렇기는 하지만, 다만 여름 한 철 동안 쓰자고 멀쩡한 부동액을 빼내고 새로 넣는 것은 경제적이지 않다. 어차피 가을이 되면 부동액을 새로 넣어야 한다. 왜냐면 여름용 부동액은 맹물이라서 0℃에서 얼기 때문이다. 따라서 굳이 여름용 냉각수를 사용하지 않고, 겨울용(?) 부동액 비율을 30%나 40%로 계속 유지해도 여름에 엔진이 과열하는 일은 없다.

엔진이 과열되는 것은 운전 습관에서 기인하는 바가 많다. 급경사를 올라갈 때에 낮은 rpm에서 액셀러레이터 페달만 잔뜩 밟는 방식은 과열을 부른다. 낮은 기어로 바꾸고 rpm을 충분히 높인 뒤(3,000rpm 이상) 올라가면, 엔진에서 폐열 발생이 적어져서 과열을 방지할 수 있다.

연료필터

주유소에서 넣는 연료는 완벽하게 깨끗하지 않다. 탱크로리에서 옮겨 담을 때에 떨어지는 모래, 지하 저장 탱크 벽의 녹 부스러기 따위가 들어 있다. 자동차의 연료탱크로 들어온 뒤에도 연료탱크의 부식 생성물들이 연료에 섞인 채로 사용된다.

연료에 섞인 이물질이 가솔린엔진의 연료 분사 장치나 디젤엔진의 분사 노즐에 끼면, 연료 분사 패턴을 흐트러뜨려 성능과 연비를 떨어뜨리고 매연을 만들어 낸다. 연료필터는 연료가 엔진으로 들어오기 전에 여과지로 이물질을 걸러 낸다.

연료필터를 오래 사용하면 여과지의 미세한 틈새가 이

연료필터를
오래 사용하면
여과지의 미세한 틈새가
이물질로 막혀서
연료가 원활하게
빠져 나가지 못한다.

물질로 막혀서 연료가 원활하게 빠져 나가지 못한다. 필터가 막히면 엔진이 최대 출력으로 작동할 때에 필요한 다량의 연료를 제대로 공급해 주지 못한다. 그러면 가속력이 떨어지거나 최고 속력이 감소하는 것을 느낄 수 있다. 연료필터 교환 주기는 일반적으로 60,000km다.

필터라고 하면 거름종이 정도로 생각하는 사람이 있는데, 연료필터는 여과지를 튼튼한 철제 통 안에 넣고 입구와 출구만 남기고 밀봉한 것이다.

기계장치 만지는 것을 좋아하고 치수가 맞는 렌치 두 개만 있으면 연료필터는 스스로 교환할 수 있다. 요즘은 큰 서점에서 각 차종의 정비지침서를 구할 수 있다. 이런 책을 참고해서 교환하면 부품값 몇천 원으로 끝낼 수 있다.

가솔린엔진의 연료필터를 교환할 때는 주의할 점이 있다. 연결 너트를 풀면 연료가 "찍" 하고 분출될 수 있다. 연료는 인화성이 있으므로 엔진룸의 뜨거운 배기 파이프에 닿으면 불이 붙는다. 요즘 차량의 대부분을 차지하는 연료 분사식 차량은 연료필터에 고압 연료가 보내진다. 시동을 꺼도 연료필터에는 고압이 남아 있어서 배관 볼트를 풀 때에 남은 압력으로 적은 양의 연료가 분사된다. 안전하게 작업하려면 배관 볼트를 풀 때에 걸레를 덮고 하는 것이 좋다. 그러면 분사되는 연료가 튀지 않고 걸레에 흡수되어 한결 안전하다. 그렇다고 해도 연료필터 교환 작업은 엔진이 충분히 식은 다음에 하는 것이 바람직하다.

디젤엔진은 연료필터에 물 빼기 기능이 추가되어 있다. 디젤엔진 연료는 유통 과정에서 불순물인 물과 잘 섞이는데, 물은 연료분사 펌프를 부식시키므로 연료필터에서 수분을 가라앉히고 보낸다. 수분이 가라앉는 부분은 투명 플라스틱으로 만들어져 있다. 20,000km마다 연료필터 밑의 마개를 열고 수분이 섞인 더러운 연료를 배출시켜야 한다. 이것을 게을리하면 연료필터 내부의 센서가 작동해서 계기판에 경고등이 들어온다. 당장 엔진에 문제가 생기는 것은 아니지만 제때에 연료필터 수분을 배출시키라는 뜻이다.

연료필터를 교체하면 처음에는 시동이 잘 걸리지 않는다. 연료로 가득 차 있어야 할 부분이지만, 새 필터는 아직 속이 비어 있는 상태이기 때문이다. 필터 안에 연료가 가득 찰 때까지는 시동이 걸리지 않는다. 가솔린엔진 차는 10초쯤 열쇠를 돌린 상태로 있으면 시동이 걸린다. 반면 디젤엔진 차는 공기 빼기 작업을 해 주어야 한다. 엔진 옆에 장착된 연료분사 펌프에 있는 프라이밍 핸드 펌프(priming hand pump)를 몇 차례 눌러 주면서 배관 내부에 들어가 있는 공기를 배출하는 나사를 열어 공기를 빼내고 연료로 가득 채운다. 연료가 빨려 들어오게 한 다음 공기배출 나사를 잠그고 시동을 걸어야 한다. 일단 시동이 걸리면 공기 빼기는 필요 없다.

연료를 바닥까지 다 사용하면 연료펌프가 연료 대신 공기를 흡입해서 배관 내부에 공기가 들어가게 되는데, 이때에도 디젤엔진은 연료탱크에 연료를 채워 넣은 뒤 공기 빼기를 해 줘야 제대로 시동을 걸 수 있다.

에어필터

자동차 엔진이 작동하기 위해서는 공기가 필요하다. 공기 중에는 갖가지 먼지가 포함되어 있는데, 먼지가 엔진 안으로 들어가면 마찰 부분에서 마모를 일으키므로 엔진으로 들어가기 전에 걸러야 한다.

에어필터는 엔진의 공기 흡입구에 설치되어 여과지로 공기 중의 먼지를 거른다. 여과지라는 장애물이 흡입구에 설치되면 공기를 흡입할 때에 방해가 된다. 에어필터의 존재는 결과적으로 자동차 엔진에 조금은 출력 손실을 일으킨다. 그래서 최후의 1마력도 중요한 경주용 차에서는 에어필터를 빼 버리는 경우도 있다. 엔진은 경기가 끝날 때마다 마모된 부분을 수리하고 교체해 주어야 하지만, 출력 향상을 위해서는 이러한 고생과 비용쯤은 감수한다.

연료필터를 교체하면 처음에 시동이 잘 걸리지 않는다. 연료로 가득 차 있어야 할 부분이지만, 새 필터는 아직 속이 비어 있는 상태이기 때문이다.

정기 점검

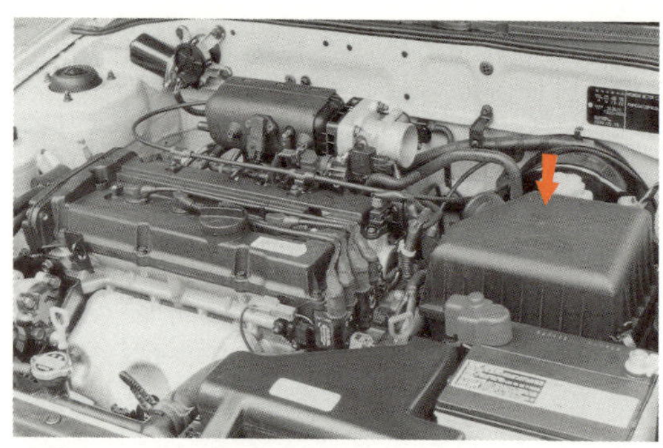

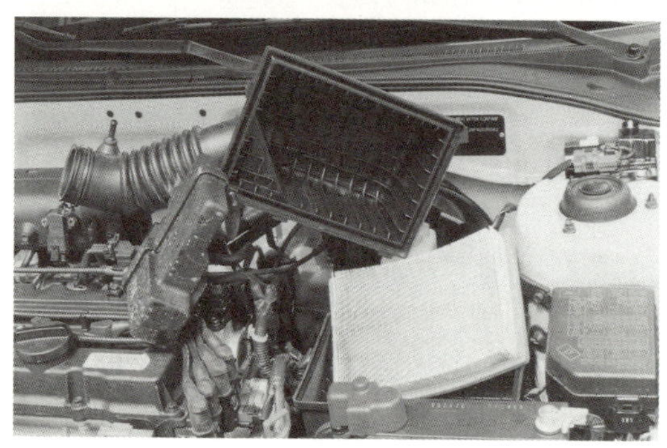

　　에어필터의 교환 주기는 엔진오일의 교환 주기와 같다. 그래서 카센터에서는 보통 엔진오일 교환 가격에 오일필터 값은 물론이고 에어필터 값도 기본적으로 포함시키고 있다. 예전에는 에어필터의 여과지 안쪽에서 압축공기를 불어서 먼지를 밖으로 불어 낸 뒤 다시 사용하기도 하였는데, 요즘은 여과지가 손상될 우려가 있어서 보통 그냥 교환한다.

　　에어필터가 막혔을 경우의 증상도 연료필터가 막혔을 경우처럼 출력이 감소하여 가속력과 최고 속도가 떨어진다.

　　에어필터는 오일필터와 달리 모양도 여러 가지이고, 가격도 두 배 정도 차이가 나는 제품이 수두룩할 만큼 다양하다. 에어필터는 자주 교환하는 부품이므로 오일필터의 경우처럼 순정품 외에도 제품이 많다. 순정품만이 최고의

품질을 보증하는 것은 아닐 테지만, 난립한 비순정품 에어
필터 중에는 성능이 형편 없는 것도 있다.

공기 흡입에 대한 저항이 적고 수명도 긴 비순정품 에어
필터도 나와 있다. 나도 그 중 한 제품을 사용해 봤는데 성
능도 향상된 느낌이고 수명도 세 배쯤 길었다. 다만, 값이
비싼 것이 흠이었다. 하지만 이런 제품 중에는 검증이 안
된 것이 많기 때문에, 성능 차이를 가릴 식견이 없으면 역
시 순정품을 쓰는 것이 바람직하다.

PC통신에서 누가 이런 문제를 제기한 적이 있다. 우리
나라에는 자동차 부품의 품질을 검사해 주는 공인 기관이
없어서, 소비자들이 메이커 순정품만 신뢰하고 쓴다는 것
이다. 옳은 말이다. 독일의 TÜV(기술인증협회)처럼 국가
공인 기관에서 순정품 아닌 다른 회사에서 만드는 자동차
부품들을 시험하고 품질을 평가해 준다면, 소비자들은 더
싼 가격에 더 좋은 부품을 선택할 수 있을 것이다.

점화 장치

가솔린엔진과 LPG엔진은 점화플러그와 고압 발생 회
로가 노화되는 부품이므로 주기적으로 교환해 줘야 한다.
점화플러그는 연소실에서 최고 1,200℃의 연소 가스에
노출되고 1초에 최고 50번 고압 스파크를 날려야 하므로
그 불꽃과 열로 전극이 닳는다. 고압 케이블은 뜨거운 엔
진룸의 열 때문에 절연용 합성수지 피복이 경화되어 절연
성능이 떨어진다.

점화플러그는 개당 가격이 천 원 정도 하는 것이 보통이
다. 물론 수입품 중에는 훨씬 비싼 제품도 있다. 4기통 엔
진이면 점화플러그 네 개가 들어간다. 점화플러그의 수명
은 40,000km이다. 40,000km를 주행한 후 점화플러그를
교체하면 액셀러레이터에 대한 엔진 반응이 민감해진 것
을 느끼게 된다. 예전에는 10,000km마다 점화플러그를
빼서, 닳아 뭉툭해진 전극을 줄로 갈아서 모양을 다듬고

정기 점검

전극 간격을 새로 조절해서 다시 사용하곤 했는데, 요즘은 점화플러그의 내구성이 좋아져서 수명이 다해서 교환할 때까지 중간에 손질할 필요가 없다.

점화플러그는 전극을 내열성이 우수한 니켈-크롬 합금으로 만든다. 오래 사용해도 전극 모양이 변하지 않고, 가느다란 전극을 사용해서 스파크 발생 특성을 향상시키는 백금 전극 플러그도 있다. 백금 플러그는 중심 전극에 바늘처럼 가느다란 백금을 조금 사용한 것인데, 아무래도 훨씬 비싸다. 백금 플러그의 장점은 긴 수명이다. 전극 부식이 거의 없으므로 일반 플러그의 세 배에 달하는 12만km를 사용할 수 있다. 긴 수명 때문에 횡치橫置(엔진이 차체 좌우를 향해 놓임) V형 엔진에서 백금 플러그를 사용한다. 횡치 V형 엔진은 엔진 구성상 점화플러그를 교환할 때마다 엔진 윗부분을 분해해야 하므로 작업이 매우 어렵고 시간도 많이 걸려서 점화플러그 교환 주기가 긴 백금 플러그가 유리하다.

점화플러그를 두 번 교환할 때마다 점화플러그에 고압을 전달해 주는 고압 케이블도 함께 교환하는 것이 좋다. 고압 케이블은 30kV 고압을 전달하므로 전기 절연성이 생명이다. 절연성이 조금만 나빠져도 고압 전류가 누설되어 점화플러그에서 발생하는 전기 스파크의 강도가 떨어진다. 고압 케이블을 교환하지 않고 15만km 이상 타는 차들도 많은데, 고압 케이블을 교환해 보면, 점화플러그를 교환했을 때처럼 엔진 반응성이 좋아진 것을 느낄 수 있다. 고압케이블 교환은 매우 쉬워서, 그냥 손으로 커넥터를 뽑고 다시 끼워 넣으면 된다.

요즘 나오는 엔진 중에는 배전기를 사용하는 것이 별로 없다. 배전기는 고압 발생 코일에서 나온 고압 전류를 점화 순서에 맞춰 해당 실린더의 점화플러그로 연결해 주는 장치다. 배전기에는 각 실린더로 연결되는 네 개의 고압 케이블이 꽂혀 있고, 고압 발생 코일에서 나오는 한 개의

요즈음은 점화플러그의 내구성이 좋아져서 수명이 다해서 교환할 때까지는 중간에 손질할 필요가 없다.

고압 케이블이 중심부에 꽂혀 있다. 배전기도 고압을 다루
는 부품이므로 절연성이 중요하다. 오랜 기간 사용하면 내
부에 카본 먼지가 쌓이는데, 이 먼지는 절연성을 떨어뜨린
다. 배전기에서도 특히 고압 케이블이 연결되는 배전기 캡
의 절연성이 중요해서, 고압 케이블을 바꾸는 시점인
80,000km 정도에서 배전기를 바꿔 주는 것이 좋다.

정기 점검

02 | 차체와 조향 장치
점검은 간단하지만 의외로 신경이 많이 쓰인다

승용차와 소형 트럭들은 그리스를 주입할 필요가 없다. 소음 감소 효과가 뛰어난 고무 부시를 쓰기 때문이다.

차체 중에서도 중요도가 높아서 별도의 장으로 분리시킨 브레이크와 타이어를 빼면 정기 점검을 필요로 하는 부분은 파워 스티어링 장치와 앞유리 워셔액밖에는 없다. 옛날에는 승용차도 섀시(chassis; 차량의 뼈대) 각 부분의 부시(bush; 경첩)에 정기적으로 그리스를 주입해 줘야 했지만, 지금은 일부 4륜구동 차와 대형 버스, 트럭이 아니면 그럴 필요가 없다. 승용차와 소형 트럭들은 요즈음 소음 감소 효과가 뛰어난 고무 부시를 쓰기 때문이다.

섀시 주유

지방 도로변의 좀 큰 카센터에서 '그리스 주입'이라고 쓴 광고판을 볼 수 있다. 지방도로를 주로 달리는 차, 특히 대형 트럭과 덤프 트럭은 정기적으로 부시에 그리스를 주입해 줘야 하기 때문이다. 갤로퍼처럼 일부 4륜구동 차 중에도 부시에 그리스를 주입해야 하는 차종이 있다. 그리스가 주입되는 부시는 청동으로 만든다. 덤프 트럭에서는 적재함이 승강되는 경첩, 스프링이 차체와 연결되는 부분, 조향 장치 연결 부분 등 여러 곳에 그리스를 주입해 줘야 한다. 갤로퍼는 앞 서스펜션 암(suspension arm)의 연결 부분, 구동축 유니버설 조인트(universal joint)에 그리스 주입구가 있다.

그리스는 전용 주입기에 넣은 뒤 펌프질로 넣는다. 손으로 펌프를 작동시키는 수동 주입기도 있고, 압축공기의 힘으로 밀어넣는 자동식 주입기도 있다. 새 그리스를 주입하면 헌 그리스는 부시의 틈새에서 밀려 나온다. 밀려 나온 더러운 그리스는 닦아 내면 미관상 깨끗하지만, 안 닦아도 그만이다.

승용차는 고무 부시를 사용한다. 청동 부시는 미끄러짐을 이용해서 서스펜션 운동을 받아 주고, 고무 부시는 고무의 변형을 이용해서 운동을 받아 준다. 만일 고무 부시도 미끄러짐을 이용한다면 고무가 금세 마모될 것이다. 그래서 고무 부시는 미끄러지지 않도록 운동 부분에 빡빡하게 끼워져 있다. 고무 부시도 오래 사용하면 마모되고, 거기서 조금 삐걱거리는 소음이 난다. 소음이 난다고 고무 부시에 WD-40 같은 윤활유를 뿌려 주는 사람도 있는데, 고무 부시는 미끄러지는 상태로 쓰이면 안 되므로 WD-40을 뿌리면 오히려 마모가 더욱 빨라진다.

부시에 큰 하중이 걸리는 대형 트럭과 버스는 고무 부시 대신 청동 부시를 사용한다.

차동 장치 오일

차동差動 장치(differential gear)는 자동차가 회전할 때에 안 바퀴와 바깥 바퀴의 회전수 차이를 허용해 주면서 구동력을 전달하는 톱니바퀴 장치다. 후륜구동 차들은 뒷바퀴 사이에 불룩 튀어나온 부분 속에 차동 장치가 들어 있다. 트럭의 뒤 차축을 보면 쉽게 알 수 있다. 차동 장치도 톱니바퀴 장치인 만큼 윤활 오일이 필요하다. 전륜구동 차는 차동 장치가 변속기의 일부로 포함되어 있고 윤활 오일을 공유하므로, 차동 장치 오일에 대해 별도로 신경 쓸 필요가 없다.

차동 장치 오일은 40,000km마다 교환한다. 특히 승용차용 차동 장치 오일은 극압極壓 첨가제가 함유된 전용 오일을 사용해야 한다. 차동 장치 오일은 단순 윤활용으로서 소모되는 일이 없다. 정기적으로 양을 점검해 줄 필요도 없다. 차동 장치 오일은 주입구가 측면에 있다. 주입구에 찰랑찰랑할 때까지 오일을 채우면 정상적인 유면이므로. 지나치게 넣을 염려는 없다.

차동 장치 오일은 40,000㎞마다 교환한다. 전륜구동 차는 차동 장치가 변속기의 일부로 포함되어 있고, 같은 윤활 오일을 공유하므로 차동 장치 오일에 대해 별도로 신경 쓸 필요가 없다.

파워 스티어링 오일

파워 스티어링의 정식 명칭은 배력 조향 장치倍力操向裝置(power assisted steering)이다. 배력 조향 장치는 설령 동력이 끊겨도 조향은 할 수 있지만, 스티어링 휠을 돌리는 데에 평소보다 훨씬 더 많은 힘이 필요하다. 반면 진짜 '파워 스티어링'이라고 불리는 종류는 동력이 끊기면 스티어링 휠을 돌려도 전혀 진행 방향이 꺾이지 않는다. 지게차나 굴착기에 사용되는 방식이다. 정식 용어는 그렇다 치고, 카센터에 가서 "배력 조향 장치가 이상한데요"라고 하면 열에 아홉은 알아듣지 못한다. 편한 대로 그냥 파워 스티어링이라고 부르는 게 좋을 것 같다.

대부분의 파워 스티어링은 유압식이다. 엔진에 벨트로 걸려 돌아가는 유압펌프가 고압 오일을 보내면 스티어링 장치에 있는 밸브가 유압의 흐름을 제어해서 동력 피스톤을 밀어 피스톤의 움직임이 바퀴를 꺾는 힘에 보태진다. 국내에는 없지만, 일부 소형차에서는 전동식 파워 스티어링도 사용한다.

유압식 파워 스티어링에는 유압 작동 오일이 필요하다. 파워 스티어링 오일은 뛰어난 윤활성과 유압오일로서의 특성을 겸비한 자동변속기용 오일을 사용한다. 파워 스티어링 오일 또한 소모되거나 변질되지 않는다. 차가 수명을 다할 때까지 교환할 필요가 없다.

파워 스티어링 오일의 양은 오일 저장탱크 마개에 붙어 있는 딥스틱으로 측정하거나 반투명 플라스틱 통 속에 담긴 양을 투시해서 측정한다. 오일이 최대 선보다 많으면 흘러넘쳐서 주변을 더럽힐 수가 있다. 최소 선보다 적으면 파워 스티어링 펌프의 윤활에 지장을 줘 펌프 수명을 짧게 할 수도 있다. 파워 스티어링 오일이 줄어드는 것은 주로 스티어링 장치에서 누설이 되기 때문이다. 오일이 누설되는 상태에서도 오일을 때때로 보충해 가며 타도 되지만, 오일을 보충하는 것을 잠깐 잊어버리면 윤활 부족으로 파워 스티어링 펌프가 손상된다.

파워 스티어링 오일 계통에는 필터가 없기 때문에 오일 양을 점검할 때나 오일을 보충할 때는 흙먼지가 심하게 날리는 실외에서는 점검을 하지 않는 등 청결에 신경 써야 한다.

앞유리 워셔액

앞유리 워셔액으로는 물도 괜찮다. 그런데 물은 세척력, 특히 기름기에 대한 세척력이 떨어지고 겨울에는 얼기 때문에 전용 워셔액을 쓰는 것만은 못하다. 워셔액은 1.8 l 페트병 하나에 천 원쯤 하는 것이 보통이다. 워셔액의 성분은 물과 알콜 계면활성제(세척력 성분), 그리고 색소다.

대부분의 워셔액은 희석하지 않으면 영하 20℃ 까지 얼지 않는다고 되어 있는데, 일기예보가 최저기온 영하 13℃ 라고 말한 날 새벽에 왜 워셔액이 얼어서 분출되지 않는지는 모를 일이다. 아무튼 워셔액은 얼지 않는 기능까지 겸하고 있다.

어떤 주유소는 고객 사은품으로 워셔액을 한 통씩 준다. 주유소에서 주는 워셔액은 좀 주의할 부분이 있다. 겨울에 어는 제품을 주는 곳이 있기 때문이다. 물론 레이블에 "동절기에는 사용하지 마십시오"라고 적혀 있지만, 워낙 작은 글씨로 적혀 있어서 자세히 보지 않으면 알기 어렵다. 시판 워셔액이니까 당연히 영하 20℃ 까지 얼지 않겠지 짐작하고 이 워셔액을 넣은 채 겨울을 맞았다간 낭패를 보기 일쑤다. 워셔액은 차가운 차체 안쪽에 들어 있기 때문에 아무리 엔진이 웜업이 돼도 일단 얼어붙은 워셔액에까지 열기가 전달되기는 쉽지 않다. 따뜻한 지하주차장에 들어가서 네댓 시간쯤 녹여 주는 수밖에 없다.

워셔액이 부동 효과를 위한 것이라고 해서, 맹물에 엔진 냉각수용 부동액을 타서 워셔액 통에 주입하는 사람도 더러 있다. 그러나 부동액은 세척 효과가 없을뿐더러 차체에

워셔액이 부동 효과를 위한 것이라고 해서, 맹물에 엔진 냉각수용 부동액을 타서 워셔액 통에 주입하는 사람도 더러 있다. 그러나 부동액은 세척 효과가 없을뿐더러 차체에 튈 경우 페인트를 서서히 녹이므로 사용해서는 안 된다.

튈 경우 페인트를 서서히 녹이므로 절대로 사용해서는 안 된다. 맹물에 가루 세제를 타서 워셔액으로 쓰는 사람도 있는데, 일반 세제류는 사용한 뒤에 물로 헹구지 않으면 얼룩이 남기 때문에 앞유리 워셔액으로는 적합하지 않다. 게다가 가루비누는 앞유리 와이퍼의 고무를 경화시킨다.

워셔액에는 색소가 들어 있는데, 차를 오래 사용하면 워셔액의 색소가 말라붙어서 워셔액 탱크 안에 가라앉는다. 이상하게도 한번 말라붙은 색소는 워셔액에 다시 녹지 않고 고체로 남는다. 색소 부스러기는 워셔액과 함께 분사되면서 워셔액 분사 노즐의 작은 구멍을 막는다. 분사 노즐에 볼펜 스프링을 편 가느다란 철사를 넣어 쑤셔서 막힌 구멍을 뚫어도 찌꺼기가 계속 워셔액 호스에 남아 있으므로 이내 다시 막힌다. 호스를 빼서 맹물로 노즐을 불어 내도 마찬가지인데, 워셔액 탱크에 색소 찌꺼기가 가라앉아 있기 때문이다. 해결 방법은 두 가지다. 차에서 워셔액 탱크를 떼어 내서 세제와 솔, 수세미로 내부의 색소 찌꺼기를 깨끗이 닦거나, 그게 귀찮으면 새 워셔액 탱크로 갈아 끼우면 된다.

이렇게 워셔액 탱크를 닦아도 색소가 포함된 워셔액을 계속 사용하면 색소 찌꺼기는 피할 수 없다. 그래서 나는 물에 이소프로필 알코올(isopropyl alcohol)을 섞어서 워셔액으로 사용한다. 이소프로필 알코올은 세척제로 널리 사용되는 물질이다. 사실 이소프로필 알코올을 사용한다는 아이디어는 내가 독창적으로 개발한 것이 아니라, 어떤 승합차의 사용설명서에서 본 내용이다. 이소프로필 알코올은 오디오 카세트 데크의 헤드 클리닝에도 사용하는 액체다.

워셔액 탱크에 이소프로필 알코올 1 l 를 붓고 나머지를 물로 채우면 세척력도 우수하고 동결에도 견디는 워셔액이 된다(영하 15℃까지는 견디는 것을 확인했다). 이렇게 만든 워셔액은 호스 계통이나 앞유리 와이퍼, 차체 페인트에 손상을 입히지 않을 뿐 아니라, 워셔를 사용한 뒤 앞유리에 색소 찌꺼기가 남지 않으므로 다음 번 세차 때까지 유리를 깨끗하게 유지할 수 있다. 워셔액 노즐이 막히지 않는 것은 물론이다.

이 워셔액을 쓸 때에는 두 가지 단점이 있는데, 첫째는 자동차 관련 용품점에서 쉽게 구할 수 없다는 것이다. 나는 종로 3가 지하철역 근처의 화공약품점에서 구입하는데(교통이 편리하므로), 여느 시판 워셔액보다 한결 비싸다. 그러나 실제로는 30% 정도로 희석해서 쓰는 셈이므로 총비용은 시판 워셔액과 비슷하다. 이소프로필 알코올은 공단 주변이나 시내의 화공약품 가게에서도 취급하므로 평소에 판매처를 눈여겨봐 두면 좋다.

두 번째 단점은 냄새다. 워셔액을 분사하면 앞유리 밑의 환기 그릴을 통해 이소프로필 알코올 냄새가 약하게나마 들어온다. 소주 냄새와 거의 같다. 30초쯤 지나면 소주 냄새 같은 것이 사라진다. 이 냄새는 여름철에는 이소프로필 알코올의 농도를 겨울의 절반으로 낮춤으로써 많이 감소시킬 수 있다. 여름에는 농도가 15% 정도라도 세척력은 충분하다.

물에
이소프로필 알코올을 타서
워셔액으로 쓰면,
세척력도 우수하고
추위에도 잘 얼지
않을뿐더러 색소 찌꺼기도
남지 않아 좋다.

정기 점검

03 | 브레이크
차가 마음먹은 대로 팍팍 서 준다면 사고는 크게 줄어든다

브레이크는 자동차에서 매우 중요한 것이다. 자동차에서 가장 중요한 장치를 순서대로 꼽으라면 브레이크, 조향 장치, 엔진이라고 할 수 있다. 달리다가도 마음 내킬 때에 안정적으로 차를 세워 줄 수 있는 브레이크는 물리적 안전과 운전자의 심리적 안정 면에서 매우 중요하다. 브레이크는 신속하게 작동해야 하기도 하지만 안정적으로 세워 주기도 해야 한다. 급제동시에 한쪽으로 쏠리는 편제동 현상이 일어나는 브레이크 장치는 운전자의 조종 능력을 떨어뜨려서 자동차 사고를 피할 수 없게 만들기도 한다.

브레이크 패드

브레이크 패드. 뒷면에 두꺼운 바탕 철판이 있고, 그 위에 원하는 모양으로 잘라진 마찰재가 접착되어 있다. 마찰재가 마모되어 두께가 2㎜ 이하로 얇아지면 교환한다.

예전에는 브레이크 패드로 석면(asbesto) 섬유에 페놀 수지를 침투시켜 굳힌 물질을 사용했다. 석면은 내열성이 뛰어나고 잘 찢어지지 않으므로 마찰재로 적합하지만, 석면 가루가 폐암과 석면폐증을 유발한다는 사실이 밝혀지면서 적어도 자동차용으로는 사용하지 않게 되었다. 그러나 석면은 아직도 공업용 장비의 브레이크 라이닝으로는 많이 쓰고 있다.

　현재의 브레이크 패드는 내열성 합성섬유와 열경화성 수지를 주재료로 하고, 내마모성을 조정하기 위해 금속 분말을 조금 섞어 만든다. 이것을 재료로 해서 원하는 두께로 만들어 원하는 모양으로 잘라 내어 사용한다. 대형 트럭은 주철제 브레이크 패드를 사용하기도 한다.

　브레이크 패드를 드럼 브레이크에 사용할 때에는 브레이크 라이닝이라고 부른다. 드럼 브레이크에서는 브레이크 드럼이 브레이크 장치와 라이닝을 뒤덮고 있기 때문에 드럼을 벗겨 내기 전에는 보이지 않는다. 드럼 브레이크는 디스크 브레이크에 비해 방열 효과가 떨어져서 지속적으로 심하게 사용하면 페이드(fade ; 브레이크가 점차 말을 안 들음) 현상을 보이는 문제가 있지만, 강력한 주차브레이크 장치를 쉽게 설치할 수 있으므로 제동력 부하가 적게 걸리는 뒷바퀴용으로 선호되고 있다.

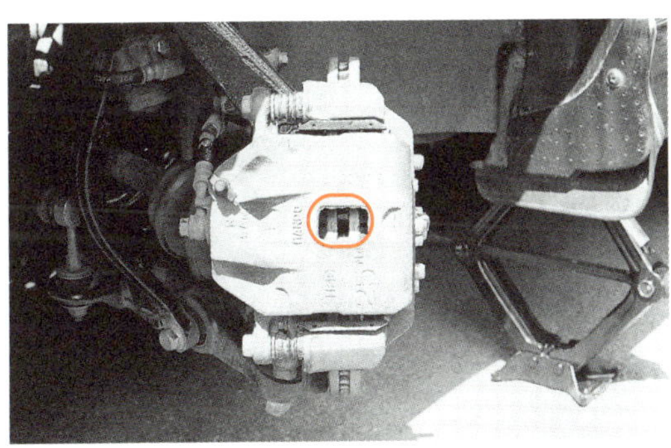

디스크 브레이크 패드의
마모량을 확인하는 구멍.

　디스크 브레이크 패드의 마모 정도는 바퀴를 떼어 내기 전에는 확인할 수 없다. 바퀴를 떼어 내고 브레이크 캘리퍼에 뚫린 확인 창을 통해 패드에 남은 마찰재의 두께를 눈대중으로 확인할 수 있다. 대부분의 패드에는 가운데에 깊게 패인 골이 있는데, 그 골의 바닥까지 마모되었으면 패드를 교환해야 한다. 패드 복판에 패인 골은 고온에서 페이드 현상을 줄이기 위한 가스 배출 홈이다.

드럼 브레이크는 라이닝 마모량을 확인하기 어렵다. 바퀴를 떼어 내고 브레이크 드럼까지 떼어 내야 그 속에 숨어 있는 라이닝을 볼 수 있는데, 브레이크 슈에 붙어 있는 라이닝 두께가 1.5mm 이하면 교환해야 한다.

앞브레이크 패드의 수명은 운전 스타일에 따라서 크게 다르다. 아주 얌전하게 운전하는 사람은 80,000km까지 사용하기도 하지만, 브레이크를 자주 사용하며 고속을 즐기는 사람은 20,000km를 넘기지 못한다. 뒷브레이크 라이닝의 수명은 앞브레이크 패드에 비해 세 배쯤 길다. 이것은 차가 멈출 때에 앞바퀴에 하중이 쏠리므로 뒷바퀴의 제동력을 앞바퀴보다 약하게 설계했기 때문이다.

브레이크 마찰재가 마모되면서 나오는 분진은 휠을 더럽힌다. 뒷브레이크에 드럼 브레이크를 사용하는 차는 브레이크 분진이 드럼 내부에 갇히므로 뒷바퀴 휠은 거의 더러워지지 않고 앞바퀴 휠만 집중적으로 더러워진다. 뒷브레이크에 디스크 브레이크를 사용한 차라고 해도 뒷바퀴보다는 앞바퀴가 훨씬 더 더럽다. 앞서 이야기한 것처럼 제동시 하중이 앞으로 쏠리므로 앞브레이크 제동력이 뒷브레이크보다 훨씬 강하기 때문이다.

브레이크 패드의 마모를 확인하는 일은 매우 번거롭기 때문에 일반 사용자가 하기는 어렵고, 보통 카센터에서 타이어 위치를 교환할 때 정비 기사가 확인한다. 이왕 바퀴를 차에서 떼어 낸 김에 앞브레이크 패드의 마모 상태를 확인하는 것이다. 그러나 이렇게 정비업소에 가는 일은 흔치 않으므로 평상시의 마모 상태 확인은 앞브레이크 패드에 달려 있는 마모 인디케이터를 이용한다. 마모 인디케이터는 전기 센서를 사용하는 전기식과 마찰음을 이용하는 방식이 있는데, 가격이 싸기 때문에 후자를 널리 이용하고 있다.

마찰음을 내는 마모 인디케이터는 패드 한쪽 끝에 얇은 철판을 구부려 용접해 둔 것이다. 패드가 마모되면 철판이 브레이크 디스크와 차츰 가까워지다가 결국 회전하는 브레이크 디스크에 닿는다. 얇은 철판이 회전하는 디스크에 닿으면 “서걱서걱” 하는 쇳소리가 나는데, 이 소리는 운전자의 주의를 끌기에 충분하다. 비록 그 소리가 “이제 패드를 교환해 주십시오”라는 뜻이라는 것을 알지 못한다고 해도, 운전자는 그 소리를 듣고 바퀴에 이상이 있는 것으로 여겨 일단 카센터에 들러 보기 일쑤다.

마모 인디케이터에서 소리가 나도 1,000km 정도는 더 타고 다닐 수 있다. 그러나 무시하고 계속 타고 다니면 나중에는 패드를 붙여 놓았던 철판이 직접 브레이크 디스크와 닿아 디스크를 갉아먹는다. 앞브레이크 패드는 차 한 대분에 만오천 원쯤 하는데, 디스크까지 손상되면 그보다 비싼 부품 값이 추가된다. 여기에 디스크 교환 공임까지 더 붙으면 불필요하게 사오만 원을 지출하게 된다.

대부분의 승용차는 주차브레이크를 작동시키면 뒷브레이크 드럼의 라이닝이 동작해서 뒷바퀴를 고정한다. 그런데 뒷브레이크가 디스크식인 차는 디스크 브레이크 패드를 주차브레이크로 눌러 붙여도 제동력이 크지 않기 때문에 뒷브레이크 안에 소형 드럼브레이크를 설치해서 주차브레이크 전용으로 사용한다. 이 방식을 ‘드럼 인 디스크(drum in disc)’ 방식이라고 한다. 드럼 인 디스크 방식에서는 주차브레이크 전용 드럼 브레이크에 한 세트의 라이닝이 또 필요하다. 그런데 이 라이닝은 요구 사항이 좀 다르다. 움직이는 차를 멈추는 것이 아니므로 마찰열이 발생하지 않기 때문에 내열성이 중요하지 않다. 움직임이 없을 때에만 작동하므로 내마모성도 중요하지 않다. 대신 작은 크기로 충분한 제동력을 확보하기 위해 높은 마찰계수가 필요하다.

드럼 인 디스크 방식의 라이닝은 멈출 때에만 작동하므로 마모되는 일이 없어서 차량의 수명이 다하도록 교환할 필요가 없다. 마모가 없으므로 마모에 따른 자동 간극 조절 기구도 없는 간이형 브레이크로 되어 있다. 처음 공장

드럼 인 디스크 방식의 라이닝은 멈출 때에만 작동하므로 마모되는 일이 없어서 차량의 수명이 다하도록 교환할 필요가 없다.

출고시 브레이크 라이닝과 드럼의 간극이 적당하게 조정되어 나오지만, 주차브레이크 제동력이 계속 부족하다고 생각되면 드럼에 뚫린 조정 구멍을 통해 간극을 수동으로 조정해 줘야 한다. 그러나 이 작업은 사용자가 직접 할 만한 일은 아니다.

뒷바퀴가 드럼 브레이크인 차량은 주 브레이크 장치에 아예 자동 간극 조절 장치가 있으므로 라이닝의 간극 조절에 대해서 걱정할 필요가 없다. 주차브레이크의 간극도 덩달아 자동으로 조정된다. 록스타처럼 아주 싸게 나온 차량에는 자동 간극 조절 장치가 없는 것도 있다.

뒷바퀴가 디스크 브레이크인 차량 중에서 주차브레이크를 드럼 인 디스크로 설계하지 않고 디스크 브레이크 패드를 주차브레이크 장치로 눌러 붙이도록 구성한 것이 있다. 엘란트라, 아반떼, 크레도스가 그런 형태다. 이런 차종은 주차브레이크용 자동 간극 조절 장치 때문에 뒷브레이크 패드 교환이 매우 까다롭다. 브레이크 캘리퍼의 작동 피스톤을 나사 돌려 넣듯이 돌려 가며 집어넣어야 제자리에 넣을 수 있다.

브레이크액

만일 브레이크 계통에 오일이 들어가면 패킹 고무를 녹일 것이다.

브레이크액은 글리콜 에테르를 사용하는데, 이것은 오일이 아니다. 만일 브레이크 계통에 오일이 들어가면 패킹 고무를 녹일 것이다. 글리콜 에테르는 불쾌한 미끈거림이 조금 있는 황갈색 액체다. 끓는점이 퍽 높아서 마찰열로 온도가 높이 올라가는 브레이크 계통에 적합한 액체다. 다만 흡습성이 매우 높아 공기 중의 수분을 빨아들여 스스로 변질되는 단점이 있다. 글리콜 에테르가 수분을 흡수하면 끓는점이 내려가서 브레이크액으로서의 성능이 떨어진다.

브레이크액의 끓는점은 매우 중요하다. 제동시 마찰열을 일으키는 브레이크 디스크나 드럼에 가까운 부분(캘리퍼나 휠 실린더)에서 브레이크액의 온도가 올라갈 때에 브레이크액이 끓어서 거품이 생기면 유압 전달 매질로서의 기능을 잃는다. 거품은 쉽게 압축되기 때문에 브레이크 페달을 아무리 밟아도 거품만 압축될 뿐, 캘리퍼나 휠 실린더에까지 브레이크 페달의 강한 압력이 전달되지 않는다. 거품이 발생해서 브레이크 페달이 그냥 쑥 들어가 버리며 브레이크가 듣지 않는 이 현상을 '베이퍼 록(vapor lock)' 이라고 한다.

　브레이크액은 DOT4 규격에 맞는 제품은 신품일 때에는 최소 230℃에서 끓고, 3%의 수분을 흡수한 상태에서는 최소 155℃에서 끓는다. DOT 규격은 미국 운수부(Department Of Transportation)에서 정한 브레이크액의 최소 성능을 일컫는다. 번호가 높을수록 나중에 제정된 규격으로서 끓는점이 높다. 지금 주로 사용되는 브레이크액은 DOT4다.

　브레이크액의 주류는 글리콜 에테르지만, 실리콘 오일을 주성분으로 한 브레이크액도 있다. 실리콘 성분의 브레이크액은 끓는점이 아주 높고 극저온에서도 점도가 낮게 유지되므로 브레이크 작동이 신속하다. 실리콘 브레이크액은 가격이 비싸기 때문에 몹시 추운 지방의 군용 차량에 쓰이는 정도에 그치고 있다.

1) 브레이크액 확인

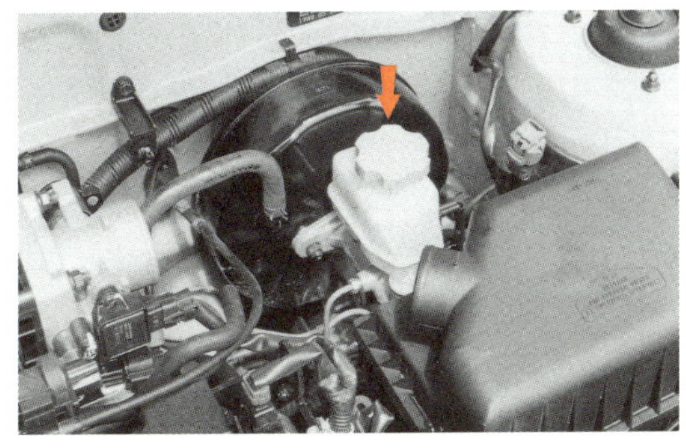

엔진룸에 설치된
브레이크액 저장통.

　브레이크액의 양은 엔진룸에 있는 브레이크액 저장통에서 확인한다. 브레이크액 저장통은 반투명 플라스틱으로 거기에 최소 선(MIN)과 최대 선(MAX)이 그어져 있다. 브레이크액은 두 선 사이에 있으면 된다. 브레이크액이 최소 선보다 낮으면 제동시에 브레이크 계통으로 공기가 흡입될 수 있는데, 공기가 흡입되면 베이퍼 록과 같은 현상이 일어난다. 브레이크액이 최대 선보다 높으면 흘러넘치거나, 열에 팽창하면 브레이크 계통에 불필요한 압력을 주므로 브레이크 패드가 디스크나 드럼과 지속적으로 접촉하여 마찰열을 일으키고, 브레이크를 밟지 않았는데도 패드에 페이드(fade) 현상이 일어날 수 있다.

　차를 계속 사용하다 보면 브레이크액이 줄어드는 것을 발견할 수 있다. 예를 들어, 지금 확인한 양은 3개월 전에 확인한 양보다 액면이 내려가 있다. 그래도 실제로 브레이크액이 소모되거나 누설되는 것은 아니다. 브레이크 패드가 닳으면 자동 간극 조정 장치에 의해 전륜 캘리퍼와 후륜 휠 실린더의 피스톤이 작동 대기하는 위치가 자꾸 전진한다. 그에 따라 캘리퍼와 휠 실린더의 브레이크액 저장 체적이 커져서 더 많은 브레이크액이 그쪽에 머무르고, 엔진룸의 브레이크액 저장통에는 적은 양만 남게 되는 것이다.

　브레이크 패드가 거의 다 닳아 버리는 시점이 되면, 엔진룸의 브레이크액 저장통 액면이 최소 선 가까이 내려간다. 이것이 패드 소모에 의한 것이라는 사실을 모르고 무작정 브레이크액을 보충해서 최대 선까지 채워 넣으면, 나중에 새 패드를 끼우고 캘리퍼와 휠 실린더의 피스톤을 원래 위치로 밀어넣을 때에 그쪽에 몰려 있던 브레이크액이 위로 돌아오면서 저장통에서 흘러넘친다. 글리콜 에테르 브레이크액은 자동차 페인트에 닿으면 마치 물집이 생긴 것처럼 페인트가 부풀어오르고 곧 벗겨지므로 되도록 페인트에 닿지 않도록 해야 하고, 만일 닿았을 때는 빨리 닦아 줘야 한다.

경험이 많은 운전자들은 브레이크액 저장통의 액면이 내려가는 현상만 보고도 패드 교환 시기를 짐작한다.

2) 브레이크액 교환

브레이크액이 수분을 흡수하면 끓는점이 낮아져 베이퍼 록에 약하게 된다. 브레이크액은 그냥 놓아 둬도 수분을 흡수하는 성질이 있다. 주로 캘리퍼와 휠 실린더에 연결된 고무호스를 따라 들어오는 수분을 흡수한다. 브레이크액은 2년마다 교환해 준다. 헌 브레이크액은 캘리퍼나 휠 실린더에 있는 배출구를 통해 흘려 보낸다.

브레이크액 교환 작업을 할 때에는 공기 빼기가 매우 중요하다. 브레이크액 중에 공기 방울이 섞여 있으면, 베이퍼 록과 같은 현상이 생겨서, 페달은 쉽게 밟혀 들어가는데 패드는 전혀 전진하지 않는다. 공기 방울이 적으면 제동력이 완전히 없어지지는 않지만 페달이 처음 얼마쯤 그냥 쑥 밟혀 들어가는 스펀지 현상이 나타난다. 스펀지 현상도 제동력 감소를 가져오므로 브레이크 계통의 공기 빼기는 철저하게 해야 한다.

공기 빼기 작업은 전용 도구로 브레이크액 저장통에 압력을 가한 채로 각 바퀴 브레이크에 있는 공기 빼기 나사를 열어서 브레이크액에 섞여 있는 기포를 배출시키는 방식으로 한다. 기포가 섞이지 않은 순수한 브레이크액이 나올 때까지 계속해야 된다. 브레이크액 저장통에 압력을 가하는 전용 도구가 없다면 다른 사람에게 브레이크 페달을 지속적으로 밟게 하는 것으로 대신할 수 있다. 공기 빼기 작업을 하기 위해서는 브레이크액을 배출시켜야 하므로, 가끔씩 브레이크액 저장통에 새 브레이크액을 보충해 가며 작업을 계속한다.

ABS 장치 중에는 브레이크 공기 빼기를 할 때에 ABS 장치에 있는 공기 빼기 나사도 열어서 공기를 빼 줘야 하는 것이 있는가 하면, 공기 빼기 나사는 없지만 각 바퀴 브

장기 점검

레이크의 공기 빼기를 할 때에 ABS도 공기 빼기 모드로 해 줘야 하는 것도 있다. 뒤의 경우 휴대용 컴퓨터 진단 장비를 통해 ABS에 공기 빼기 모드로 들어갈 것을 지시할 수 있다. 이 부분에 관해서는 차종별 정비지침서를 참고하는 것이 좋다.

04 | 타이어
노면에 닿아 있는 타이어의 접지면을 통해 모든 성능이 전달된다

자동차에서 타이어는 흔히 생각하는 것 이상으로 중요하다. 차의 모든 성능은 노면에 닿아 있는 네 개의 타이어 접지면을 통해 전달된다. 하이파이 오디오에서 가장 중요한 것이 사람과 오디오를 연결하는 스피커 시스템이듯, 자동차에서 가장 중요한 것은 차와 노면을 연결하는 타이어다. 개조를 통해 자동차의 성능을 향상시켰어도, 타이어 성능이 받쳐 주지 않으면 별로 효과가 없다.

타이어를 점검할 때에 특히 중요한 것은 마모량과 공기압이다. 타이어의 마모가 심하면, 접지면의 홈이 얕아지기 때문에, 빗길을 고속으로 주행할 때에 홈을 통해 빗물을 내보내고 타이어가 노면과 밀착하는 작용이 어려워진다. 한편 공기압은 타이어의 접지 면적 감소와 온도 상승에 영향을 미친다.

마모 한도 확인

타이어에 새겨진 홈
(tread pattern).

시판 타이어에는 접지면에 갖가지 홈이 새겨져 있다. 홈의 주요 기능은 빗길 주행 성능 향상이다. 그 원리는 이렇다.

비가 오면 노면에 물이 덮인다. 물이 덮인 노면 위로 타이어가 굴러가면 타이어 밑에 있던 물은 차 무게에 의해 타이어 전후좌우로 밀려 나가고 타이어는 노면과 직접 접촉할 수 있다. 그렇지만 이 상황은 차가 천천히 달릴 때에만 해당된다.

차가 빗길을 100km/h의 고속으로 주행한다고 가정하면 이야기는 전혀 달라진다. 노면에 4mm 두께로 빗물이 덮여 있다면, 차가 1초 동안 지나가는 긴 타이어 자국 밑에서 밀려나야 할 물은 20l가 된다. 차에 달린 네 개의 타이어에서 밀려나는 물의 양은 모두 80l(네 양동이 분량)나 되는 셈이다. 타이어 밑에서 80l의 물을 1초 안에 빼내는 것은 아주 어려운 일이다. 1초 안에 80l가 모두 빠지지 않고 일부라도 타이어 밑 노면에 남아 있으면, 타이어는 노면과 접촉하지 못하고 유체역학적 윤활 상태에 놓인다. 유체역학적 윤활은 엔진의 메인 베어링을 윤활하는 것과 같은 원리다. 차이점은 엔진의 메인 베어링은 유체역학적 윤활을 증진시키기 위해서 가능한 한 매끄럽게 만들고, 타이어는 유체역학적 윤활의 발생을 저지하기 위해 가능한 한 울퉁불퉁하게 홈을 파 놓는다는 것이다.

유체역학적 윤활이 어떤 것인지는 생활 속에서도 경험할 수 있다. 물기가 번져 있는 목욕탕 바닥을 맨발로 갑자기 디디면 발과 목욕탕 바닥 사이에 윤활막이 형성되어 미끄러지기 쉽다. 자동차 타이어도 마찬가지로 미끄러진다. 비가 많이 오는 날 직선로에서 50km/h 정도로 주행하다가 브레이크 페달을 세게 밟으면 처음에는 제동이 조금 걸리는 듯하다 금세 쫙 미끄러지는 것을 느끼게 된다.

타이어 밑에서 일어나는 유체역학적 윤활은 타이어가 노면과 다른 속도로 움직일 때에 더 강해진다. 그냥 주행할 때에는 타이어가 그럭저럭 접지력을 발휘하지만, 좀 강한 제동과 코너링을 시도하면 타이어가 조금 미끄러지기 시작하며 유체역학적 윤활이 급격히 높아져서 차는 걷잡을 수 없이 미끄러진다. 일단 미끄러졌다 하면 유체역학적 윤활은 갈수록 강화되므로, 빗길에서 한번 차가 미끄러지면 바로잡기는 매우 어렵다. 빗길에서 ABS가 효력을 발휘하는 원리는 최초에 유체역학적 윤활이 발생하여 타이어가 미끄러지는 것이 느껴지면 곧바로 브레이크 강도를 줄여서 미끄러짐이 빨라지지 않도록 조절하는 것이다.

비 오는 날 타이어 밑에서 발생하는 유체역학적 윤활에 의해 미끄러지는 현상을 하이드로플레이닝(hydroplaning)이라고 한다. 우리말로는 수막 현상이다. 수막 현상은 강우량이 많을수록(노면에 쌓이는 물 두께가 증가), 속력이 높을수록(1초당 배출해야 하는 물의 양이 증가), 타이어가 많이 마모되었을수록(배수홈 깊이가 감소) 쉽게 일어난다.

정기 점검

사용 한계 이하로 마모된 타이어에서 가로줄 형상으로 나타나는 마모 한도 표지.

타이어 접지면 홈의 깊이는 법규에 의해 1.6mm 이상은 유지해야 한다. 새 타이어는 7mm 정도로 깊게 되어 있는데, 마모에 따라 타이어 무늬가 얕아지면서 홈도 얕아진다. 타이어의 마모는 눈으로 쉽게 확인할 수 있다. 타이어 옆면을 보면 여덟 군데에 화살표 무늬가 양각되어 있다. 그 위치의 접지면에 마모 확인층이 마련되어 있다. 마모 확인층이라고 해야 별것 아니고, 홈의 깊이가 다른 부분보다 1.6mm 낮게 만들어져 있는 부분이다. 타이어가 마모되어 다른 부분의 홈이 1.6mm 이하로 얕아지면, 마모 확인층의 홈은 아예 편편하게 된다. 마모 확인층은 타이어 전체 폭에 걸쳐 연결되어 있으므로, 접지면을 가로질러 편편해진 부분이 나타나면 다른 부분의 홈도 1.6mm 이하로 얕은 상태라는 것을 알아볼 수 있다.

다행히 대부분의 승용차 운전자들은 타이어가 위험하게 닳을 때까지 기다리지 않고 제때에 교환한다. 그런데 회사 소속 차량들은 전반적으로 정비가 소홀하고, 타이어의 마모 확인층이 편편하게 나타날 때까지 타고 다니는 경우도 드물지 않다.

위치 교환

타이어 위치 교환은 10,000km마다 해 주고, 타이어 위치는 X자와 11자로 교환한다.

자동차는 앞뒤 타이어에 걸리는 하중이 똑같지 않다. 무거운 엔진과 변속기가 앞쪽에 집중되어 있어 앞바퀴에 더 많은 하중이 걸린다. 전륜구동 차는 이 현상이 더욱 심해서 앞바퀴가 70%에 이르는 하중을 분담하기도 한다.

타이어는 하중이 많이 걸릴수록 마모가 심하다. 승용차 타이어는 네 개가 비율이 고르게 마모되지 않고 앞쪽 타이어만 집중적으로 닳는다. 그래서 가끔씩 앞뒤 타이어를 바꿔 줌으로써 네 타이어가 같은 수명을 누릴 수 있도록 위치 교환을 해 줘야 한다. 카센터에 가면 만 원쯤 달라고 하는데, 단골 카센터라면 서비스로 해 주기도 한다. 교환 작업 시간은 20분쯤 걸린다.

타이어 위치 교환은 10,000km마다 해 주도록 되어 있다.

타이어 위치를 교환할 때에는 X자와 11자로 교환한다. 앞바퀴로 쓰던 타이어는 X자로, 즉 대각선 반대편으로 보내고, 뒷바퀴로 쓰던 타이어는 11자로, 즉 좌우를 바꾸지 않고 앞으로 보낸다. 앞뒤 모두 X자로 바꾸면 각각 두 개의 타이어만 서로 위치가 왔다갔다하는 셈이므로 고르게 닳지 않는다.

대부분의 타이어는 어느 방향으로 굴러가게 장착해도

차이가 없지만, 한국타이어의 '블랙버드' 처럼 회전 방향이 따로 지정된 타이어도 있다. 타이어 측면에 'DIRECTION OF ROTATION(회전 방향)' 화살표가 표시된 타이어는 그 방향으로만 굴러가도록 사용해야 한다. 따라서 이런 타이어를 사용한 차에서는 X자로 위치를 교환하면 구르는 방향이 반대가 되므로, 그냥 앞뒤로만 각각 위치를 교환해야 한다.

나는 위치 교환에 스페어 타이어를 포함시키지 않는다. 스페어 타이어가 더럽혀지는 것이 싫기 때문이다. 나는 스페어 타이어 안쪽에 시동보조용 점퍼 케이블도 둘둘 말아서 보관하고, 간단한 응급약을 넣은 약상자도 보관한다. 스페어 타이어를 정기적인 타이어 위치 교환에 포함시키면, 노면에서 구르던 더러운 타이어가 스페어 타이어로 자리 잡게 되므로 그 안에 물건들을 깨끗하게 보관할 수가 없다. 스페어 타이어를 정기적인 위치 교환에 포함시키려면, 사용하던 타이어 네 개 가운데 어느 하나를 스페어 타이어로 보내고 그 자리에 스페어 타이어를 집어넣으면 된다. 물론 스페어 타이어와 역할 교대하는 타이어는 네 군데의 것이 골고루 오도록 해 줘야 네 타이어가 저마다 한 번씩 스페어 타이어 자리에서 휴식을 취할 수 있다.

공기압

요즘 생산되는 자동차는 모두가 압축공기식 타이어(pneumatic tire)를 사용한다. 압축공기식 타이어는 불균일한 노면에 따라 타이어 접지면이 변형된다. 울퉁불퉁한 노면에서는 그 형태에 맞춰 신속하게 밀착하고, 평평한 노면에서는 둥그런 외형이 평평하게 변할 만큼 부드럽다. 또 그러면서도 차량 속도의 가감과 코너링의 힘을 받아 줄 정도의 강성을 겸비하도록 설계할 수 있다. 그리고 무엇보다 쿠션이 좋다. 공기가 들어가지 않은 통고무 타이어는 뾰족한 돌부리에 찔려 타이어에 구멍이 생길 우려가 많은 건설

현장의 중장비에 사용되는 정도에 불과하다.

압축공기식 타이어의 성능은 속의 공기압에 따라 변한다. 공기압이 너무 낮으면 타이어를 팽팽하게 만드는 힘이 없어서 가감속과 코너링할 때에 타이어가 힘없이 변형되며 차량의 핸들링 특성을 저하시킨다. 그뿐만 아니라, 고속주행시 타이어가 펄럭거리는 스탠딩 웨이브(standing wave; 定在波)가 발생하기 때문에 파동 에너지가 열에너지로 바뀌면서 고무의 온도를 급상승시켜 타이어의 강도를 저하시키는데, 심하면 타이어가 찢어져서 일시에 핸들링 성능을 무너뜨리기도 한다.

반대로 공기압이 너무 높으면 둥그런 타이어가 평평한 노면과 닿는 면적이 적어서 노면 적응력이 떨어진다. 이렇게 되면 제동 거리가 길어지고, 코너링할 때에 타이어가 더 쉽게 미끄러지며, 타이어의 쿠션도 나빠진다.

타이어 공기압의 단위는 우리 나라 표준인 미터법에 따르면 kg/cm^2이다. 그런데 실제로는 미국식 파운드법 단위인 psi를 많이 사용한다. 거의 모든 승용차의 타이어 공기압은 $2.1kg/cm^2$ 또는 30psi다. 어떤 사람은 타이어 옆면에 새겨진 'MAX PRESSURE 46PSI' 라는 숫자를 보고 46psi까지 채워 넣기도 하는데, 이것은 매우 위험한 일로서, 타이어에 새겨진 그 수치는 타이어가 버틸 수 있는 최대 공기압을 뜻한다. 기준 공기압은 어디까지나 30psi고, 차에 짐을 많이 싣거나 타이어 온도가 올라가서 공기압이 일시적으로 증가하더라도 46psi까지는 안전하게 버틸 수 있다는 뜻이다.

타이어 공기압은 온도에 따라 변한다. 공기의 압력은 샤를의 법칙(Charles's law)에 따라 온도가 올라가면 상승한다. 타이어는 주행중 노면과의 마찰열과 고무가 변형될 때의 자체 발열로 온도가 올라가기 때문에, 주행 직후 타이어 공기압을 측정하면 매우 높게 나타난다. 이때에 공기를 좀 빼내서 공기압을 기준치까지 내려 주면, 나중에 타이어가 다 식은 뒤에 제대로 측정했을 때에 24psi 정도의 낮은 값밖에 나오지 않는다. 그래서 타이어 공기압은 주행 뒤 적어도 15분쯤 타이어를 식혀서 측정해야 한다. 타이어 공기압은 타이어가 차체 무게를 받는 상태에서 측정한다. 차를 들어올린 상태에서 측정하면 공기압이 적게 나오기 때문이다.

타이어 공기압은 온도에 따라 변하기 때문에 여름과 겨울의 공기압이 4psi쯤 차이가 난다. 따라서 계절에 따라 타이어 공기압도 조정해야 한다.

승용차는 앞이 더 무겁기 때문에 앞과 뒤 타이어를 같은 공기압으로 맞추면 앞타이어가 더 눌려 있는 것으로 보인다. 시각적인 균형을 위해 앞타이어 공기압을 더 높이 맞추는 사람도 있는데, 핸들링 특성의 변화를 가져오므로 확실한 이해가 없다면 앞뒤 공기압을 같게 맞추는 것이 좋다.

공기압 측정에는 전용 게이지를 사용하는 것이 좋다. 시판되는 휴대용 타이어 공기펌프에는 간이형 공기압 게이지가 부착되어 있는데, 몇 가지 제품을 사용해 봤지만 정확도가 떨어져서 10psi 이상 차이가 나기도 하므로 공기를 어느 정도 넣었나를 짐작할 수 있을 뿐이었다. 공기압 게이지는 고가의

다이얼형 공기압계와 볼펜형 공기압계.

다이얼형과 염가의 다이얼형, 그리고 보급가의 볼펜형이 있다. 하지만 국내에서는 타이어 공기압 게이지를 구하기가 아주 어렵다. 고급 다이얼형은 제대로 된 공업용 압력계에 타이어 밸브와 연결하는 부품을 연결한 것으로, 정확하기는 하지만 국내에 파는 곳이 거의 없다. 염가의 다이얼형은 열쇠고리로도 쓸 수 있도록 작게 만든 대만제인데,

잘 만든 정확한 게이지와 2~3psi쯤 차이가 난다.

볼펜형이 값도 만 원 아래고 정확도도 높다. 타이어 공기 주입 노즐에 맞추어 꾹 누르면 게이지 속의 피스톤이 상승하면서 스프링의 힘과 균형을 이루는 곳에서 멈춘다. 피스톤은 상승하면서 게이지 중심부에 꽂혀 있는 막대를 밀어 올리는데, 그 막대가 올라간 만큼 막대에 새겨진 눈금을 읽으면 공기압을 알 수 있다. 나는 이 볼펜형 공기압계를 서울 장안동의 자동차 정비 공구 상가와 청계천 3가 공구 상가에서 어렵게 구하였다.

사실 정확한 공기압 게이지가 없으면 휴대용 공기펌프는 무용지물이다. 공기압 게이지를 구하지 못했으면 카센터에 가서 그곳 공기주입기에 내장된 게이지로 측정해 가며 공기압을 넣어야 한다. 그런데 카센터에 있는 공기압 게이지라고 해서 다 정확한 것은 아니다. 정확한 수치와 5psi 이상 차이가 나는 게이지도 많다.

정확한 공기압 게이지가 없으면 휴대용 공기펌프는 무용지물이다.

차를 사용하다 보면 갖가지 액세서리를 구입할 때가 있다. 간단한 카세트 테이프 꽂이부터 리어 스포일러나 선루프까지 여러 가지 자동차 관련 제품을 자동차의 안팎에 설치하고 부착한다. 대부분 그 용도를 이해하고 필요해서 구입할 테지만, 그런 액세서리를 추가함으로써 어떤 이점이 있는지 좀더 정확하게 안다면 액세서리를 고를 때에 도움이 될 것이다.

01 | 여러 가지 액세서리
기능과는 별도로 운전자의 취향이 잘 드러나는 부분이다

범퍼 가드

범퍼 모서리에 붙여, 주차할 때 실수로 다른 차나 시설물에 닿아 긁히는 것을 대신 견디는 연질 플라스틱 부착물이다. 수십 종의 디자인이 나와 있는데, 품질은 서로 비슷비슷하다. 그런데, 범퍼 가드의 효용에 대해서는 의문이다.

범퍼 가드에, 그것이 제 구실을 하느라, 벽이나 다른 차에 닿아서 긁힌 자국이 나 있으면 그 자체로 보기 흉하다. 범퍼 가드가 긁혔다고 떼어 내고 새 것으로 바꾸는 사람은 드물기 때문이다. 범퍼가 긁힌 채로 지내는 것이나, 범퍼 보호용으로 붙여 놓은 범퍼 가드가 긁힌 채로 지내는 것이나 마찬가지다. 게다가 범퍼 가드는 사용중에 범퍼에서 떨어질 때도 있다. 한쪽에는 범퍼 가드가 있는데 다른 쪽에는 없으면 보기가 아주 안 좋다. 그렇다고 해서 네 개를 한 세트로 파는 범퍼 가드 한 벌을 번번이 돈 만 원씩 주고 새로 구입하기도 뭣하다.

범퍼 가드가 차의 디자인을 해치는 것은 말할 나위도 없다. 자동차 회사의 디자인실에서 심혈을 기울여 범퍼 곡선을 디자인했는데, 우락부락하게 생긴 범퍼 가드를 덧대는 것은 쓸모도 없으려니와 차의 모양새만 망가뜨린다.

리어 스포일러

트렁크 위에 장착하는 날개인 리어 스포일러(rear spoiler)는 기능성보다는 장식성이 더 강하다. 리어 스포일러의 기능은 주행중에 차 후방에서 발생하는 큼직한 와류를 조그맣게 끊어 주는 것이다. 자동차는 주행중 앞부분에서는 공기를 상하좌우로 밀어 내면서 달리지만, 뒷부분에서는 앞서 밀어냈던 공기를 원위치로 돌려놓아야 한다. 공기를 원위치로 돌려놓는 일이 더디면 차 후방에 진공이 형성되어 차를 뒤에서 잡아끌기 때문에 주행중에 공기 저항을 받는다.

사실, 차 앞부분에서 공기를 밀어 내는 것은 별다른 문제가 없다. 공학적으로 어려운 부분은 차 후방에서 공기를 본래의 위치로 돌리는 일이다. 이때에 와류가 생기는 것을 피할 수는 없는데, 가급적 와류가 원하는 형태로 발전되도록 차체 모양을 설계한다. 차 후방에서 커다란 와류의 소용돌이가 마구 일어나면 차체 후방으로 공기를 되돌려놓는 속도가 늦어지고, 그만큼 강한 진공에 의해서 차는 뒤로 잡아 끌어당겨진다.

이런 차량의 전형이 버스인데, 비 오는 날 버스 뒷유리가 흙탕물로 더러워진 것을 흔히 볼 수 있다. 좌우 바퀴에서 튀는 흙탕물 안개가 차량 주변에 흐르는 공기에 실려 차 뒤로 갔다가 와류에 휘말려 다시 뒷유리에 철썩 달라붙곤 하는 까닭이다. 뒷유리가 수직에 가까운 4륜구동 차와 국민차들도 차 후방에 와류가 심하다. 이런 차들은 옵션으로라도 뒷유리 와이퍼를 갖추고 있어서, 와류에 의한 뒷유리 흙탕물 오염에 대비한다. 세단형 승용차는 긴 트렁크가 공기를 유도해서 와류 발생 지점을 뒷유리 위치보다 뒤로 유도하므로 뒷유리에 흙탕물이 거의 묻지 않는다.

리어 스포일러는 차량 후방에서 생기는 와류를 잘게 쪼개서 빨리 소멸시킨다. 리어 스포일러가 특히 효과적인 차량은 차 모양이 돌출 없이 그냥 6면체 박스 모양이라서 일명 '원박스카' 라고 불리는 승합차와 1.5박스 카라고 불리는 미니 밴 차량들이다. 이런 차들은 천장 뒤쪽 끝부분에 부착된 스포일러를 이용해 와류를 정류함으로써 차 후방에서 일어나는 큰 와류를 줄인다. 그래서 이스타나, 스타렉스, 카니발, 트라제 XG, 카렌스, 마티즈, 아벨라를 보면 천장 끝부분에 스포일러가 장착된다.

리어 스포일러와 윙(wing)을 혼동하면 안 된다. 윙은 포뮬러 경기용 자동차에서 다운 포스(down force ; 차를

리어 스포일러는 차량 후방에서 생기는 와류를 잘게 쪼개서 빨리 소멸시킨다.

땅으로 밀어붙이는 힘)를 발생시키기 위해 단다. 다운 포스가 있으면 가벼운 경기용 차량으로도 큰 접지력을 발생시킬 수 있으므로 레이스 운영에 매우 유리하다. 윙은 공기 저항을 많이 일으키므로, 레이스 팀은 최고 속력 향상을 위해 윙의 공기 저항을 줄이도록 설정할 것인지, 코너링 능력 향상을 위해 윙의 효과를 높게(그러면 공기 저항도 증대한다) 설정할 것인지를 각 레이스 코스의 특성에 따라 결정해야 한다.

일반 승용차의 리어 스포일러는, 경기용 차의 윙과 달리, 다운 포스 발생을 목표로 하지 않는다. 그래서 윙만큼 크지 않고, 차체에서 멀리 떨어진 곳에 장착되지도 않는다. 만일 일반 승용차에 윙을 장착한다면 고속 주행시 공기 저항을 많이 받아서 최고 속도가 줄어들고 고속 순항 연비도 나빠질 것이다. 리어 스포일러는 차량 뒤쪽에서 일어나는 와류를 조절하여 공기 저항을 줄이는 장치이기 때문에, 제대로 된 리어 스포일러를 장착하면 최고 속도와 연비가 높아진다.

그런데, 일반적으로 사용되는 리어 스포일러는 공기역학적 성능보다는 모양새에 주력하는 제품들이다. 그래서 실제로는 리어 스포일러를 장착하거나 하지 않거나 성능 차이는 크지 않다. 트렁크에 장착되는 리어 스포일러가 실제로 성능을 발휘하려면 투스카니 엘리사처럼 차체에서 많이 띄워서 장착해야 한다. 원박스 카의 경우는 스포일러가 천장 끝부분에 장착되는데, 차체와 크게 떨어져 있지 않아도 효과가 좋다.

리어 스포일러는 무게를 줄이기 위해 속이 비어 있다. 속이 차 있는 스포일러라고 해도 합성수지에 거품을 형성시켜 무게를 줄인 코어에 겉만 매끈한 플라스틱으로 만든 것들이라서 강도는 높지 않다. 정상적으로 사용하는 동안에는 리어 스포일러가 손상될 위험은 별로 없지만, 주차 환경이 좋지 않은 곳에서 주차된 차를 손으로 밀어 가며 차를 빼낼 때에 잡기 편한 리어 스포일러를 손잡이 삼아 밀다가 깨지는 일이 더러 있다.

선루프

선루프는 천장 일부를 유리로 만들어서 햇볕이 실내로 들어오도록 만든 것이다. 선루프는 개폐 기능도 있어서 뒤쪽만 조금 들려서 통풍에 도움이 되도록 하는 틸팅(tilting)과, 전체가 뒤로 밀려 나가면서 선루프가 있던 구멍이 뻥 뚫려 개방감을 높이는 슬라이딩(sliding)이 있다. 슬라이딩은 또 열린 선루프가 차체 내부로 수납되는 인슬라이딩, 차체 외부로 돌출하는 아웃슬라이딩 타입이 있다. 인슬라이딩은 선루프가 열린 모습이 깔끔해서 순정품 선루프로 애용된다. 아웃슬라이딩 타입은 천장 길이가 짧아서 열린 선루프가 안에 수납될 수 없는 경우에 사용된다. 아웃슬라이딩 선루프 광고를 보면 열린 선루프가 스포일러 기능을 하므로 공기역학적 성능도 향상된다고 하는데, 선전은 어디까지나 선전일 뿐이다.

선루프는 나중에 장착하려면 틸팅만 되는 타입이 십오만 원에서 삼십만 원, 아웃슬라이딩 타입이 오십만 원에서 육십만만 원, 인슬라이딩 타입이 구십만 원에서 백만 원쯤 한다. 메이커 옵션으로 장착해 나올 때에 최고 사십만 원쯤 더 지불하면 인슬라이딩 선루프가 나오는 것에 견주면, 가격 차이가 크다. 그런데도 애프터마켓(차가 출고된 뒤의 용품 시장) 선루프가 팔리는 이유는 차량 출고시 선루프를 선택하면 출고가 엄청나게 늦어지기 때문이다.

예를 들어서 아반떼에 선루프를 선택하면 심하게는 3개월 가량 출고가 늦어진다. 선루프만 빼면 길어야 일 주일이면 차가 나오는 것에 견주어 기다리는 시간이 너무 길다. 그래서 어떤 사람들은 메이커 옵션을 포기하고 선루프 없는 차를 출고한 뒤에 애프터마켓 선루프를 단다. 선루프 옵션 차량의 출고가 이렇게 늦는 것은 최소 생산 대수가 모일 때까지 주문을 모아서 한꺼번에 만들기 때문이다. 선루프를 옵션으로 선택하겠다고 하면 영업사원에 따라서는 "차 뽑기 싫으세요?"라고 반문하기도 한다. 예외는 티뷰론으로서, 티뷰론은 선루프가 있는 차량의 출고가 선루프 없는 차량보다도 빠르다. 많은 사람이 선루프가 장착된 티뷰론을 원해서 그 기종의 생산이 원활하기 때문이다.

메이커 옵션 선루프와 애프터마켓 선루프는 차이가 크다. 결정적인 차이는 천장 철판의 강도와 배수 호스의 유무다. 메이커 옵션 선루프는 선루프 장치의 무게를 지탱하기 위해 천장 철판에 추가로 보강재가 용접되어 있다. 반면 애프터마켓 선루프는 단순한 보강만 되어 있는 철판에 무거운 선루프(특히 전동식 슬라이딩 타입)를 얹고 나사로 고정할 뿐이므로, 노면이 울퉁불퉁한 곳을 주행할 때에 무거운 선루프가 움직이면서 잡음을 내는 경우가 있다.

또 메이커에서 선루프가 장착되는 차량은 전용 배수 호스가 연결되어 있다. 배수 호스는 선루프 유리 틈새로 샐 수 있는 빗물을 모아 천장 둘레의 기둥에 숨어 있는 호스를 통해 차 밑으로 내보낸다. 배수 호스가 없는 애프터마켓 선루프는 비 오는 날 오랫동안 밖에 세워 놓으면 선루프 둘레로 실내 쪽 천장에 물기가 번지는 경우가 가끔 있다. 장착할 때에 꼼꼼히 하면 이런 누수 사고를 예방할 수 있다지만, 어쨌든 배수 호스가 있는 경우보다 불리한 것이 사실이다.

선루프의 용도는 채광과 환기다. 대통령이 카퍼레이드를 할 때처럼 차 밖으로 몸을 내밀고 뭔가 해 볼 수 있지 않을까 생각하는 사람도 있는데, 선루프가 몸을 내밀기에는 어정쩡한 곳에 뚫려 있어서 그렇게 할 수는 없다. 아이들이라면 센터 콘솔에 발을 짚고 몸을 내밀 수 있기는 한데, 미끄러질 수도 있어서 위험하다. 채광은 선루프가 유리여서 가능하다. 염가형 틸트 선루프를 쓰면 여름에 뒷머리가 햇볕 때문에 뜨끈뜨끈해진다고도 하는데, 이럴 때에는 햇볕 가리개가 안쪽에 덧붙어 있는 제품이 좋다.

담배를 피우는 사람들의 이야기를 들어 보면 선루프를 틸트하면 실내에 담배 냄새가 남지 않고 금방 빠져 나간다고 한다. 선루프는 바깥 공기의 흐름이 가장 빠른 천장에 공기 출구를 내기 때문에 실내의 공기를 밖으로 뽑아 내는 배기구 역할을 한다. 선루프가 뽑아 낸 만큼의 공기는 환기 장치 흡입구를 통해 저절로 들어온다.

폐차해야 할 택시를 중고차로 팔 때에 택시 천장에 있던 표지등 자국을 숨기기 위해 아예 그 부분을 뚫고 값싼 선루프를 붙여서 파는 경우도 있다. 따라서 LPG 중고 승용차를 구입할 때에는 주의할 필요가 있다.

윈도 틴팅

자동차 창유리에 짙은 색을 입히는 윈도 틴팅(window tinting)은 흔히 '선팅' 이라고 불린다. 윈도 틴팅은 색유리로 바꾸어서 끼우는 방법, 유리에 액체 코팅을 한 뒤 경화시키는 방법, 유리에 투명 컬러 필름을 붙이는 방법이 있는데, 필름을 붙이는 틴팅이 대부분이다.

색유리로 바꿔 끼우는 것은 유리가 모두 평평한 구형 코란도에서만 가능하다. 자동차용으로 쓰기에는 안전도가 떨어지는 건축용 색유리를 크기에 맞게 잘라서 장착했다고 하여 문제가 된 적이 있다. 요즘 나오는 차들은 각종 곡면 유리를 쓰기 때문에, 차종에 맞게 갈아 끼울 수 있는 곡면 색유리는 경제성이 낮아서 이제는 찾아볼 수 없다.

유리 액체 코팅은 차에서 유리를 모두 떼어 낸 뒤, 특수 액체를 고르게 입힌 뒤 말린 것이다. 액체 색깔을 바꾸는 것으로 색상과 농도를 조절한다. 이 방식은 각 문의 유리는 물론이고 뒷유리까지 차에서 떼어 내야 하기 때문에 몇 안 되는 시공점에서만 아직 고집하고 있을 뿐, 크게 보급되지는 못했다. 유리 액체 코팅은 그 대신 자동차 테일 램프를 검게 칠하는, 일명 '데루 코팅' 에 널리 사용하고 있다.

윈도 틴팅은 색유리로 바꾸어서 끼우는 방법, 유리에 액체 코팅을 한 뒤 경화시키는 방법, 유리에 투명 컬러 필름을 붙이는 방법이 있는데, 필름을 붙이는 틴팅이 대부분이다.

　마지막으로 필름을 붙이는 방법은 유리 안쪽에 색상이 들어간 투명 필름을 붙이는 것이다. 필름은 미리 수성 접착제가 발라져 있는 상태로 판매된다. 유리창에 물을 뿌린 뒤(이때에 물이 잘 퍼지도록 소량의 계면활성제를 섞는다) 접착제가 발라진 필름을 대고 밀착시키면 유리창에 붙는다. 마지막으로 유리창 외곽선에 맞춰 남은 필름을 정리하면 끝난다. 작업이 쉽고 색상이 다양하므로 애용되고 있다. 가격은 칠만 원짜리부터 있는데, 사용하는 필름이 반사필름같이 특수한 것일 경우는 가격이 올라간다. 더러 삼만 원짜리도 있지만, 틴팅 한 뒤 필름 밑면에서 거품이 많이 생기는 등 품질에 문제가 있는 경우가 적지 않다.

　필름 부착식 틴팅을 할 때에, 뒷유리는 곡률이 크기 때문에 한 장의 필름으로는 주름이 생긴다. 그래서 네댓 장의 필름을 옆으로 넓은 띠처럼 잘라 붙인다. 띠가 연결되는 부분은 눈에 띄지 않도록 뒷유리창의 열선과 겹쳐 배치한다. 뒷유리 틴팅을 할 때에는 띠가 연결되는 부분을 열선과 평행하게 자르거나 필름 가장자리를 자르다가, 잘못하여 면도날로 열선을 끊는 일이 간간이 있다. 이렇게 되면 끊어진 열선은 전기가 통하지 않아 그 부분만 가열되지 않는다. 다행히 요즘은 뒷유리 열선과 같은 성분의 접착제가 있어서, 틴팅한 필름을 떼어 내고 그 보수 용품을 구입해서 손상된 열선 부분에 발라 주면 전기가 다시 통한다. 예전에는 열선이 한 가닥이라도 끊기면 열선이 인쇄된 뒷유리 전체를 교환하는 것 외에는 방법이 없었다. 뒷유리를 교환하는 데에는 십만 원 가까이 드는 반면, 열선 보수 용품은 팔구천 원쯤 한다.

　틴팅은 어느 정도 하면 적당할까? '자동차 보안 규정'에 따르면, 자동차 유리는 가시광선 투과율이 적어도 70%는 되어야 한다. 자동차를 구입할 때에, 소형차의 고급 그레이드 사양표에는 '컬러 유리'라는 항목이 들어 있다. 그런데 막상 차를 출고해 보면 "이게 컬러 유리야?"라고 의

아스러워할 만큼 색이 옅다. 유리창을 반쯤 열고 그냥 보이는 바깥 풍경과 비교해 봐야 유리에 색이 들어 있기는 하다는 것을 알 수 있을 만큼 옅다. 그 정도가 가시광선 투과율 70%이다. 앞유리 밑에 찍혀 나온 표시를 보면 가시광선 투과율이 씌어 있다.

이미 가시광선 투과율이 70%인 유리는 아무리 옅게 틴팅을 해도 가시광선 투과율 70%를 충족시킬 수 없다. 그래서 웬만한 차는 틴팅만 했다 하면 단속에 걸린다. 요즘은 그렇지 않지만, 예전에는 2년마다 돌아오는 정기검사에서 윈도 틴팅도 잡아 내서 불합격을 내렸기 때문에 정기검사 들어갈 때마다 틴팅 필름을 떼어 내는 것이 일이었다. 이제는 정기검사에서는 윈도 틴팅을 따로 잡지 않는다. 하지만 여전히 경찰은 도로교통법을 적용하여 윈도 틴팅을 불법으로 간주하고 있으므로, 걸리면 벌금 삼십만 원을 내야 한다. 다행히 윈도 틴팅은 앞유리와 운전석 좌우 유리를 제외한 곳에는 제한이 없다.

필름 부착식 윈도 틴팅은 작업이 쉽기 때문에 통신판매 업체에서 고객이 직접 할 수 있도록 차종별로 재단된 필름을 팔기도 한다. 처음 틴팅을 하면 작업중에 필름끼리 서로 붙고 유리에 붙인 뒤에 필름 밑에 기포가 많이 생기는 등 십중팔구 실패한다. 다시 시도해서 제대로 된 틴팅을 하려면 다시 필름을 사야 하므로, 애초에 전문업소에 맡기는 것이 오히려 싸게 먹힐 때가 많다.

우드 그레인

우드 그레인(wood grain)은 우리말로 옮기면 나뭇결이라는 뜻이다. 호사스러운 차들은 예전부터 장미나무나 호두나무를 가공해서 실내 대시 보드 표면에 사용하였다. 여느 차에서 이런 분위기를 느껴 보자고 만든 것이 플라스틱에 나뭇결 무늬를 입힌 우드 그레인 패널이다.

우드 그레인은 메이커의 등급별 사양에 포함되어 있기

도 하고, 애프터마켓 제품으로 장착할 수도 있다. '장착' 이라는 말을 쓴 이유는 우드 그레인으로 바꾸는 작업이 원래의 검정 플라스틱 패널을 떼어 내고 우드 그레인 무늬가 입혀진 새로운 패널로 갈아 끼우는 일이기 때문이다.

접착식 우드 그레인도 있는데, 이것은 차에서 플라스틱 패널을 떼어 내지 않고 그 위에 무늬가 인쇄된 비닐을 붙이는 것이다. 패널을 떼어 내고 붙이는 작업이 없어서 간편하지만, 아무래도 덧붙인 것이 티가 난다.

우드 그레인은 차량 실내를 밝게 한다. 나무 무늬가 검정색보다는 덜 어둡기 때문에 한결 부드러워 보인다. 어떤 애프터마켓 우드 그레인은 색상이 싸구려 가구 같은 것도 있으므로, 구입할 때에는 실물 샘플을 보고 골라야 한다.

우드 그레인의 성공에 힘입어 카본 그레인도 나오고 있다. 카본 그레인은 경주용 차에 사용되는 경량 고강도 재료인 카본-에폭시 복합 재료에서 비쳐 보이는 카본 섬유 직물의 형상을 흉내낸 것이다. 카본 그레인은 신축성이 뛰어난 비닐에 인쇄된 형태로 나와서, 플라스틱 패널 위에 비닐을 늘여서 붙인다.

청색 사이드 미러

밤에 차를 몰 때에 뒤차의 헤드 램프가 사이드 미러에 밝게 반사되어 운전자의 눈을 자극하는 경우가 있다. 이를 피하기 위해 반사율이 낮은, 청색 또는 금색이 코팅된 거울을 사이드 미러에 덧붙이는 것이, 특히 택시기사들에게는 기본처럼 되어 있다. 자가용 중에도 이렇게 청색 또는 금색 거울을 덧댄 차가 꽤 있다.

고급 차는 공장에서 출고될 때부터 청색이나 금색 사이드 미러로 나오기도 한다. 청색이나 금색 사이드 미러는 야간 운전중에 확실히 효과가 있다. 그런데 애프터마켓 제품에서 고르려면 색 농도를 잘 보고 골라야 한다. 시판되는 대부분의 청색 사이드 미러는 색이 너무 짙어서 비 오는 날 뒤가 잘 보이지 않는다. 색이 거의 없다시피 할 정도로 아주 옅은 것으로 골라야 한다. 반면 금색 사이드 미러는 비 오는 날 어둡게 보이는 문제는 없지만, 색상이 익숙하지 않아 싫어하는 사람도 있다. 금색 사이드 미러 역시 되도록 색이 옅은 것으로 고르는 것이 좋다.

애프터마켓에서 파는 사이드 미러는 거의가 좌우 모두 볼록거울이다. 반면에 출고될 때부터 달려 있는 사이드 미러는 조수석 쪽만 볼록거울이고 운전석 쪽은 평면거울로 된 것이 많다. 운전석 쪽을 평면거울로 하면 거리감이 왜곡되지 않아 후진할 때에 편하고, 볼록거울로 하면 보이는 범위가 증대되어 시야에 들어오지 않는 사각死角 지대를 줄이는 데 효과가 있다.

선바이저

선바이저(sun visor)는 문 유리창 위 창틀에 붙여서 비 오는 날 유리창을 조금 열어도 빗물은 들어오지 않게 하면서 환기를 할 수 있도록 한 투명 플라스틱 제품이다.

본디 바이저는 모자의 챙을 뜻한다. 햇빛을 가리는 용도로 개발된 제품이지만, 우리 나라에서는 비 오는 날 유리창을 조금 열 때에 빗물을 막아 주는 제품으로 바뀌었다. 우리 나라 운전자들의 선바이저에 대한 집착은 대단해서, 도저히 선바이저를 부착할 수 없을 것 같아 보이는, 프레임 없는 도어로 된 티뷰론 및 그랜저 XG용 선바이저까지도 시장에 나와 있다. 티뷰론과 그랜저 XG는 창틀이 없으므로 차체에 부착한다.

그런데 선바이저는 차량의 공기 흐름에 방해가 된다. 차체 주변의 공기 흐름이 방해받으면 고속 주행시에 연비가 나빠진다. 비 오는 날 유리창에 습기가 차지 않게 하려고 환기를 위해 선바이저를 달아야 한다고 생각한다면, 잘못 생각한 것이다. 유리창을 닫은 채 제습난방을 하면 실내 공기가 보송보송해진다. 굳이 선바이저를 붙일 필요가 없다.

애프터마켓에서 파는 사이드 미러는 거의가 좌우 모두 볼록거울이다.

돌출된 선바이저에 의해 차체 주변 공기 흐름이 방해받으면 고속 주행시 연비가 나빠진다.

주입식 펑크 수리제

작은 구멍이 뚫린
타이어에 주입해서
구멍도 막고
공기압도 보충하는
주입식 펑크 수리제.

내가 주입식 펑크 수리제를 처음 본 것은 1991년도인데, 홀츠(Holts) 사 제품의 타이어 웰드(TYRE WELD)였다. 그 뒤로 국내에 여러 회사의 펑크 수리제가 판매되고 있다. 사실 '펑크'는 올바른 용어가 아니다. 영어에서 펑크에 가장 가까운 단어는 'puncture'로서 바늘로 찌른다는 뜻이다. 그런데 정작 영어로는 '타이어에 펑크 났다'를 'got flat'이라고 표현한다.

주입식 펑크 수리제는 타이어에 구멍이 생겨 바람이 빠졌을 때에 주입하면 액체 고무 성분이 구멍을 막고, 가스가 타이어를 채워 주행이 가능한 상태로 만들어 준다. 광고만 읽어 보면 트렁크에 스페어 타이어를 싣고 다닐 필요가 전혀 없어 보인다. 나는 이 제품을 세 번 사용해 보았는데—세 번 다 선물로 받은 것이었다— 성공한 적은 한 번밖에 없었다.

첫 번째는 사용 방법을 정확히 알지 못해서 실패했다. 타이어의 바람을 완전히 빼고, 펑크 수리제 호스를 타이어 공기밸브에 꽉 연결한 뒤 펑크 수리제를 '도중에 쉬지 말고' 끝까지 다 주입하라고 되어 있었다. 펑크 수리제를 다 주입한 뒤 도중에 누르고 있던 스프레이 깡통 꼭지에서 손가락을 뗀 것이 실수였다. 타이어 속에 고압으로 채워진 펑크 수리제 액체 고무와 가스가 호스를 통해 역류해서 스프레이 깡통 꼭지 둘레로 마구 분출하였다. 어째야 할지 몰라 우왕좌왕하다 보니, 타이어 속으로 주입한 내용물이 그 사이에 다시 흘러나오고 말았다.

제대로 하려면, 펑크 수리제를 주입한 뒤 스프레이 깡통 꼭지를 계속 누른 채 타이어 공기밸브로부터 호스를 먼저 분리해야 한다. 이때에 호스 끝부분에서 조금 새지만, 호스를 재빨리 빼면 밀봉되므로, 타이어 내부에 주입한 펑크 수리제는 빠져 나오지 않는다. 물론 호스를 분리하고 나면 스프레이 깡통 꼭지를 더 누르고 있을 필요가 없다.

두 번째는 성공적이었다. 캄캄한 밤 지방도로를 달리다 느낌이 이상해서 차를 세우고 확인해 보니 뒷바퀴 타이어의 바람이 많이 빠져 있었다. 앞서 출발한 일행을 빨리 뒤쫓아가야 했으므로 스페어 타이어로 교체하는 대신 펑크 수리제를 사용해 보았다. 처음에는 타이어가 많이 눌린 상태였지만, 타이어가 회전하자 펑크 수리제에서 가스가 발생하여 타이어는 차츰 원래 모양을 회복했다. 나중에 공기압을 확인해 보니 16psi까지 채워져 있었다.

세 번째는 타이어 옆부분에 구멍이 뚫린 경우라서 실패했다. 주입한 액체 펑크 수리제가 타이어 밑부분에만 발라질 뿐, 옆부분에는 액체 고무가 닿지 않았다.

펑크 수리제는 제한된 조건에서만 효과가 있다. 타이어 옆에 구멍이 생겼을 경우 펑크 수리제는 아무런 도움이 되지 못한다. 사실, 요즘 사용하는 스틸래디얼 타이어는 타이어 밑부분은 강력하게 보강되어 있어서 못에 뚫려도 구멍이 확장되지 않고 오히려 타이어 고무가 못 둘레를 죄면서 공기가 빠져 나가지 않도록 밀봉한다. 그래서 타이어에 못이 박힌 것을 전혀 알아채지 못하고 수 개월씩 계속 운행하는 경우가 많다.

반면에 타이어 옆부분은 거의 보강되어 있지 않아서 구멍이 뚫리면 속수무책으로 바람이 빠져 나간다. 타이어

펑크 수리제는 제한된 조건에서만 효과가 있다. 타이어 옆에 구멍이 생겼을 경우 펑크 수리제는 아무런 도움이 되지 못한다.

옆부분에 구멍이 생기는 것은 주로 비포장 도로에 돌출한 돌부리가 타이어 옆을 찌른 탓이다. 타이어에서 바람이 빠져 나가서 운행이 불가능해지는 상태는 주로 옆에 생기는 구멍 때문인데, 펑크 수리제는 옆면 구멍을 처리하지 못한다.

연료 첨가제

연료 첨가제에 대해서는 별로 알려진 바가 없다. 코카콜라 성분표와 마찬가지로 메이커에서 어떤 성분을 배합했는지를 공표하지 않기 때문이다. 기능적으로는 탄화수소계 계면활성제와 옥탄가 향상제가 포함된 것으로 알려져 있다. 계면활성제는 연료탱크 바닥에 가라앉은 수분 찌꺼기를 잘게 분산시켜 연료필터로 보냄으로써 연소실 내부에서 연소시켜 없앤다. 그 외에 흡기밸브와 연소실에 퇴적된 찌꺼기를 씻어 내는 역할도 한다. 옥탄가 향상제는 가솔린의 조기 점화를 억제해서 고압축비 엔진에서도 노킹(knocking; 가솔린엔진의 이상 연소와 그에 동반하여 발생하는 충격) 없이 고출력을 뽑아 낼 수 있도록 연료의 성질을 개량한다.

연료 첨가제의 시초는 '레덱스(REDEX)'다. 그 뒤로 수많은 제품이 나왔는데, 연료 첨가제는 정석이 없고 제조처 나름으로 성분을 배합해서 만드는 것이라서 이름 없는 회사에서 나온, 말하자면 유사품들이 제대로 효과를 발휘할지는 의문이다.

사실 연료 첨가제를 사용한다고 뚜렷하게 달라지는 것은 없다. 아주 오랫동안 관리를 게을리한 엔진에 레덱스 두세 병을 연속으로 사용해 보면 응답성이 좀 향상되는 것 같지만, 그것은 어디까지나 느낌일 뿐이다. 메이커에서는 연비 향상도 된다고 하지만, 연료 첨가제(불스원샷이나 레덱스)를 써서 연비가 조금 좋아졌다는 사람도 있고 거의 나아지지 않았다는 사람도 있다. 연비가 좋아진다고 해도 큰 병에 들어 있는 값비싼 연료 첨가제의 가격을 보상하기에는 부족하다.

엔진 코팅제

엔진 코팅제는 엔진오일에 배합하면 엔진오일이 순환되는 동안 엔진의 각 마찰 부분에 코팅막을 형성하여 마모를 줄여 주고 연비를 향상시켜 준다는 제품이다. '테프론' (듀폰 사의 합성수지 제품 상표명) 막을 형성하는 제품과 유기산의 극압 윤활 피막을 형성하는 제품, 연질 금속 피막을 형성하는 제품이 나와 있다.

결론부터 말하자면 코팅막의 수명은 길지 않다. 코팅제가 함유된 오일을 교환해 버리면 코팅의 효과도 금세 사라진다. 코팅제라고 말하기보다는 그저 오일 첨가제 수준에 불과하다. 코팅제를 사용하면 먼저 엔진 소음이 감소하는 것은 느낄 수 있지만, 출력과 연비 향상은 미미한 편이다.

테프론 코팅을 예로 들어 엔진 내부 코팅이 얼마나 현실성이 없는지 생각해 보자. 부엌에서 사용하는 프라이팬 중에 테프론 코팅이 된 것이 많다. 그런데 이 제품은 사용중 금속제 뒤집개나 젓가락으로 긁으면 코팅막이 손상되므로 주의해야 한다. 공장에서 정성들여 입힌 것이 그 정도로 약한데, 엔진오일에 혼합해서 슬쩍 묻힌 정도에 불과한 테프론 코팅막은 얼마나 약할 것인가.

극압 윤활 피막 제품은 마찰면에 극압 윤활 효과가 있는 유기산 분자막을 형성시킨다. 다른 말로 극압 첨가제라고도 한다. 이 코팅막은 소모성이라서 오일로부터 유기산을 늘 새로 공급받아야 한다. 그래서 극압 첨가제가 들어 있던 오일을 새 오일로 교환해 버리면 코팅막은 금세 없어진다. 그리고, 극압 첨가제는 부식성 물질이므로 많이 배합되면 마찰면에 부식을 일으키는 문제가 있어서, 극압 윤활 효과와 부식 방지 사이에서 균형을 지키려면 함량을 조절해야 한다. 길거리에서, 모터로 돌아가는 간이 마모시험기를 놓고 코팅제 없는 오일을 사용하면 엄청난 쇳소리가 나는데 코팅제 섞인 오일을 사용하면 잘 돌아가는 것처럼 실험을 해 보이면서 파는 엔진 코팅제가 이 종류다. 마모시험기를 조작할 때에 속임수를 쓰기 때문에 노점상의 그 시험 방법을 믿어서는 안 된다.

엔진 코팅제, 특히 테프론계는 배합된 테프론 수지가 뭉치면서 엔진의 좁은 오일 통로를 막는 일이 있다. 오일 통로가 막히면 윤활이 제대로 되지 않는다. 삼성자동차 'SM5'의 엔진이 특히 코팅제의 부작용에 민감하다.

엔진 코팅제, 특히 테프론계는 배합된 테프론 수지가 뭉치면서 엔진의 좁은 오일 통로를 막는 일이 있다. 오일 통로가 막히면 윤활이 제대로 되지 않는다.

02 주의할 제품들
차의 멋보다도 운전자의 안전에 먼저 신경을 써야 한다

와이드 룸미러

차선을 바꿀 때에 좌우 사각을 잘 보려고 본디의 것보다 훨씬 좌우로 넓은 와이드 룸미러를 붙이는 경우가 많은데, 이것은 문제가 있다. 첫째, 앞유리 해가리개를 내릴 때에 넓은 룸미러에 걸린다. 이것은 큰 불편은 아닐 수도 있다. 둘째, 충돌 사고가 났을 때에 얼굴에 부상을 입기 쉽다.

충돌 사고 때에 에어백이 없으면 상체는 꽤 많은 거리를 밀려 나간다. 안전벨트는 사람이 차 밖으로 튕겨 나가지 않도록 붙잡아 주는 용도에 불과해서 충돌시 상당량 늘어난 뒤에야 고정된다. 안전벨트의 효과를 높이려면 카오디오의 버튼을 누르기 위해 팔을 뻗치는 것도 힘들 만큼 단단히 잡아 줘야 하겠지만, 이 정도로 세게 잡아 주는 안전벨트라면 일반인들은 착용하기조차 싫어할 것이다. 그러나 느슨한 안전벨트라도 안 매는 것보다 매는 것이 낫기 때문에 일반 차량용 안전벨트는 효과를 좀 양보하면서 평상시 편하게 풀리고 감기도록 만들었다.

충돌 사고가 나면 관성에 의해서 엉덩이가 앞으로 들린다. 그러면 스티어링 휠이 가슴 아랫부분을 치고 이마가 앞유리에 세게 부딪친다. 많은 차가 충돌 사고시 충격에 의해 내려가는 스티어링 휠을 갖추고 있지만, 그것은 충돌해서 엔진룸이 찌그러졌을 때에 스티어링 장치가 밀리면서 운전석의 스티어링 휠이 치고 올라오는 것을 흡수하는 것이지, 승객이 스티어링 휠에 갈비뼈를 찧었을 때에 스티어링 휠이 부드럽게 밀리게 하려고 만든 것은 아니다.

충돌 사고 때에는 얼굴이 시트로부터 앞유리까지 세차게 던져지기 때문에, 그 중간에 와이드 룸미러가 있으면 귀가 룸미러 모서리에 걸려 찢어질 수도 있다. 와이드 룸

좌우로 넓은 와이드 룸미러를 붙이는 경우에 두 가지 문제가 있다. 첫째는 앞유리 해가리개를 내릴 때에 넓은 룸미러에 걸린다. 둘째는 충돌 사고가 났을 때 얼굴에 부상을 입기 쉽다.

핵심정리

미러 중에는 모서리를 둥글게 처리한 제품도 있지만, 그래도 상해 방지에는 별 도움이 되지 않는다.

파워 핸드

이것은 스티어링 휠에 부착하는 손잡이로서, U턴을 하면서 스티어링 휠을 여러 바퀴 돌릴 때에 편하게 잡고 돌리도록 한 돌출 손잡이다. '파워 핸드'는 그 중 한 제품의 상표명이다. 택시 기사들은 한 손으로 휴대전화를 사용하면서 다른 한 손으로는 이 손잡이만 잡고 운전하기도 한다. 좋은 습관은 아니다. 이 제품은 주로 스티어링 휠의 왼쪽 상단에 부착해서 왼손으로 잡기 편하도록 한다.

운전중 이 제품만 사용해서 스티어링 휠을 돌리는 것은 안전하지 않다. 특히 스티어링 휠을 급히 돌리다 손잡이가 왼쪽 아닌 다른 부분으로 갔을 때에는 힘 조절이 어려워서 돌발 상황에 대처하기가 어렵다.

더 중요한 것은, 충돌 사고시 파워 핸드의 돌출된 손잡이가 폐나 심장을 손상시키기 쉽다는 것이다. 충돌 사고시 엉덩이가 들리면서 상체가 앞으로 던져질 때에 파워 핸드의 돌출부는 정확히 가슴을 찌르기 때문이다.

파워 핸드를 사용해서 운전하면, 스티어링 휠을 급히 돌리다 손잡이가 왼쪽 아닌 다른 부분으로 갔을 때에는 힘 조절이 어려워서 돌발 상황에 대처하기가 어렵다. 또 충돌 사고시 돌출부가 가슴을 찔러 위험하다.

차량 침입과 도난 수법

주차된 자동차에 절도범이 침입하는 까닭은 차를 가져가거나 오디오 같은 고가의 부품을 뜯어 가기 위해서이다. 또는 트렁크에 실려 있는 수백만 원짜리 골프채나 방송용 카메라를 훔쳐 가는 경우도 있다. 귀중품의 도난을 막으려면 보안이 확실한 주차장이나 다른 사람들의 눈에 잘 띄는 곳에 주차하는 것이 기본이다. 지갑, 핸드백, 카메라 등을 차 실내의 눈에 띄는 곳에 두면 도난당할 확률이 높아진다. 따라서 이런 것은 트렁크나 앞 시트 밑, 글러브박스처럼 눈에 띄지 않는 곳에 보관해야 한다. 심지어 동전 보관함의 백 원짜리 몇 개 때문에 동네 아이들이 돌로 유리창을 깬 사례도 있다. 편의 사양으로 센터 콘솔에 동전 보관함이 마련되어 있어도 그 곳에 동전을 보관하지 말고 눈에 띄지 않는 곳에 두어야 한다. 여행지(특히 제주도)에 가서 렌터카로 관광 다닐 때에는 카메라나 지갑 등 휴대품은 몸에 지니고 내리는 것이 좋다. 도둑들은 렌터카에는 도난경보기가 없다는 것을 안다. 렌터카는 번호판이 '허'로 시작되기 때문에 쉽게 구별된다.

차량에 침입하는 가장 신속한 방법은 유리창을 깨는 것이다. 차 유리창은 강화유리이기 때문에 주먹으로 쳐서 깨지지는 않지만 주먹만한 크기의 돌을 세게 던지면 십중팔구는 깨진다. 소리가 나긴 하지만 한적한 곳에서 잽싸게 털고 사라진다면 문제가 되지 않는다. 심야에 지하주차장에 세워 둔 차와 한적한 아파트 단지 이면도로에 세워 둔 차에서 오디오를 훔쳐 갈 때에 곧잘 쓰는 수법이다. 유리창을 깰 때에 박스 포장용 넓은 테이프를 가로 세로로 많이 붙이고 적당한 공구로 깨면 소리가 훨씬 덜 난다. 문을 열 때에 작동하는 순정품 도난경보기는 유리만 깨지는 것에는 반응하지 않는다. 유리 파손을 감지하는 충격센서를 갖춘 애프터마켓 도난경보기도 있는데, 충격센서가 너무 민감하면 주변에 덤프 트럭이 지나가며 땅이 울리기만 해도 경보기가 시끄럽게 울어 댄다. 그래서 운전자는 결국 충격센서를 떼어 버리곤 한다. 고가의 외제 차는 실내 각 유리창으로 초음파를 반사시켜 되돌아오는 반사파 여부로 차량의 이상 유무를 확인하는데, 만일 유리 창이 깨져 초음파가 밖으로 누설되어 반사가 끊기면 경보를 울린다.

유리창을 깨는 방법은 흔적이 남기 때문에 여러 대의 차를 해치울 때에 는 이 방법을 쓰지 않는다. 문과 유리창 틈새로 철사나 철판을 넣어 문 내 부의 잠금장치 연결고리를 걸어 당겨 여는 고전적인 방법은 흔적이 별로 남지 않기 때문에 오랜 시간이 지나도록 도난 사실을 모를 수도 있다. 이 방법은 불법주차 차량을 견인할 때에 견인차 기사가 불법주차 차량의 주차 브레이크를 풀기 위해 차 문을 열 때에 사용하는 방법이기도 하다. 정확한 방법은 차종마다 다르다. 자동차 메이커에서는 문 내부 걸쇠 위에 철판으 로 우산 비슷한 것을 씌우는 등의 방법을 써서 철사나 철판으로 문을 따지 못하도록 하고 있지만 별로 효과가 없다.

도난 경보기는 암호화된 리모콘으로 동작과 해제를 지령하는데, 일부 제 품은 운전석 열쇠 장치 밑에 해제 스위치가 있어서 공구를 틈새로 찔러 넣 어 이 스위치를 작동시키면 경보기가 해제된다.

도둑은 일단 차 문을 열고(또는 유리창을 깨고) 들어가면 거의 목적을 달성한다. 주 표적은 오디오다. 오디오는 뜯기 편하고, 가격이 비싸고, 거 래가 활발하므로 현금화하기 쉽다. 오디오를 도둑맞은 사람들은 대부분 중 고 오디오를 구입해서 그 자리를 메우는데, 그런 중고 오디오도 도둑이 훔 쳐다 판 장물인 경우가 많다.

도둑이 오디오를 뜯을 때에는 오디오 옆의 플라스틱 패널을 드라이버 로 깨고, 그 패널 밑에 가려져 있던 (+)나사를 전동 드라이버로 신속히 푼다. 그러면 오디오가 금세 빠진다. 이른바 '꾼' 들은 한 대를 뜯는 데 30 초도 걸리지 않는다고 한다.

차를 통째로 훔쳐 가는 경우도 있다. 훔친 차는 주로 범죄용 기동 수단으 로 사용한 뒤에 외진 곳에 버리곤 하는데, 그 중 고급 차는 부품을 뜯어 팔 기도 한다. 차를 훔칠 때에는 열쇠 장치를 큰 드라이버로 비틀어 부숴 버린 뒤 시동 배선을 연결하여 시동을 건다.

차량 도난을 방지하는 효과적인 방법은 스티어링 휠에 클럽(club; 막대)을 끼우는 것이다. 이 장치는 아직 국내에서 시판되지는 않는데, 스티어링 휠을 회전시킬 때에 주변에 걸리기 때문에 도둑이 해체하는 데 많은 시간이 걸린다. 그래서 웬만한 도둑은 클럽 장치가 끼워진 차는 포기하고 만다. 이런 까닭에 클럽을 일부러 형광색으로 요란하게 칠해 놓아 밖에서도 "이 차에는 클럽이 있습니다"라고 알아볼 수 있게 하곤 한다.

차량이나 물건의 도난을 방지하는 최선의 방법은 안전한 곳에 주차하는 것이다. 주차 요금을 아끼기 위해 외진 곳에 주차해 두면 도난의 위험은 커진다. CDP 오디오 같은 것을 도난당하면 몇 년치 주차 요금에 상당하는 금액을 한꺼번에 날릴 수도 있다. 유료 주차장에서도 "차량 훼손이나 도난에 책임을 지지 않습니다"라고 써 놓기는 하지만, 왕래가 빈번한 주차장에서는 아무래도 도둑이 활동하기 어렵다.

잘못된 상식들

자동차를 어떻게 사용하면 좋은지에 대한 정확한 지식을 얻을 수 있는 통로는 많지 않다. 텔레비전과 신문에도 자동차 관리 상식이 꽤 자주 나오고, 주변 사람들로부터 이런 저런 이야기를 듣기도 한다. 내 초등 학생 처조카는 학교 선생님이 차에서 에어컨을 틀면 실내 산소가 소비되므로 10분에 한 번은 유리창을 열어야 한다고 말했다고 한다. 그러나 에어컨은 산소를 소비하지 않으며, 자동차에는 외부 공기 흡입 모드가 있어서 유리창을 열지 않아도 에어컨의 효과를 유지하면서 실내 공기를 환기시킬 수 있다. 그런데도 이런 틀린 이야기가 전해지는 것은 자동차의 어떤 부분을 어떻게 조작하는 것이 올바른지 체계적으로 알고 있는 사람이 거의 없는 채로 입에서 입으로 전해지는 이야기가 도중에 와전되기 때문이다.

01 시동을 걸 때에는 에어컨을 꺼야 한다
에어컨 스위치를 끈다고 시동에 도움이 되지는 않는다

에어컨 압축기는 엔진에 벨트로 연결되어 회전한다. 에어컨을 작동시키면 압축기 회전이 엔진에 부담이 되어 운전자가 엔진에서 꺼낼 수 있는 출력이 줄어든다.

엔진을 시동시킬 때에는 엔진이 가볍게 돌수록 유리하다. 에어컨을 켜서 압축기 클러치가 작동하도록 해 두면 시동 걸 때에 압축기 회전이 부담으로 작용해 엔진이 덜 원활하게 회전한다는 이론은 타당성이 있다. 그런데, 자동차 회사 기술자들은 미리 여러 가지 가능성을 가정하고, 어떤 상태에서도 시동이 잘 걸리도록 차 구조를 설계해 둔다.

엔진을 시동시키기 위해 운전석의 시동 열쇠를 '스타트(START)' 위치로 놓으면 엔진 시동에 꼭 필요한 전기 장치 외에는 모두 일시적으로 전력이 차단된다. 엔진 시동에 꼭 필요한 전기 장치는 시동모터와 ECU(Engine Control Unit; 엔진 제어 컴퓨터)다. 에어컨 계통의 전기도 차단되므로, 시동을 걸 때에는 에어컨 스위치가 켜져 있든 꺼져 있든 상관 없이 에어컨은 꺼진 상태가 된다. 마찬가지로 오디오, 뒷유리 열선, 환기 장치 송풍기처럼 전기를 많이 소모하는 장치들이 시동을 걸 때는 일시적으로 꺼진다.

요즈음에 나오는 거의 모든 자동차는 에어컨 컷(cut) 기능이 있어서, 에어컨 스위치가 켜져 있어도 추월할 때처럼 엔진에 큰 출력이 요구되는 상황에서는 에어컨 압축기 클러치를 4초쯤 차단한다. 주행중 액셀러레이터 페달을 신속히 끝까지 밟으면 엔진룸에서 철컥 소리가 나며 에어컨 클러치가 분리된다. 이 에어컨 컷 기능이 시동 직후에도 작동한다. 시동 직후 엔진 rpm이 안정되기 전까지는 에어컨 컷 기능이 작동해서 에어컨 압축기가 엔진에 연결되지 않도록 하는 것이다. 그러므로 시동을 걸기 전에 운전자가 에어컨 스위치를 끈다고 해서 엔진 시동에 도움이 되지는 않는다.

엔진을 시동시킬 때에는 엔진이 가볍게 돌수록 유리하다.

잘못된 상식들

02 | 시동을 끌 때에는 rpm을 높였다가 끈다
엔진에 해를 끼치는 것은 없지만, 좋을 것도 없다

시동을 끄기 전에 액셀러레이터 페달을 밟아서 "붕" 소리가 나게 공회전한 뒤에 곧바로 시동을 끄는 방법은 모터사이클 운전자나 예전의 직업 운전자들에게서 흔히 보던 습관이지만, 그렇게 해 주면 뭐가 좋은지는 아무도 모른다. 그런 습관이 엔진에 해를 끼치는 것은 없지만, 좋을 것도 없다.

03 정차시 헤드 램프를 꺼 준다
켜 두는 것이 다른 차에게 자신의 존재를 알릴 수 있어 안전하다

신호 대기나 막히는 길에서 차가 멈추면 헤드 램프를 꺼 주는 것은 택시 운전자들이라면 누구나 한다. 이 습관의 근원은 자동차 발전기 성능이 나빠서 엔진 rpm이 높지 않으면 충전이 되지 않던 시절로 거슬러 올라간다. 그때는 공회전시에 발전이 되지 않고 배터리에 충전해 둔 전력을 소모하면서 헤드 램프를 켜는 셈이 되므로, 헤드 램프를 켜고 오랫동안 공회전만 하면 배터리가 모두 닳아서 시동도 꺼지고 차를 밀지 않으면 재시동도 불가능했다.

지금의 발전기는 성능이 퍽 좋아져서 엔진이 낮은 rpm으로 회전할 때에도 충분한 전압을 발생시킬 수 있다. 공회전 때에도 전력 소모를 충당할 수 있는 것이다. 따라서 굳이 차가 멈출 때마다 헤드 램프를 꺼 줄 필요는 없다.

신호 대기나 정차시에 헤드 램프를 켜 두는 것은 다른 차 운전자에게 자신의 존재를 잘 알릴 수 있어서 안전에 도움이 된다. 예외는 자신이 신호 대기 맨 앞줄에 서 있는데 상대편 차 운전석에 헤드 램프가 직통으로 조명되는 경우다. 특히 교차로 중간이 완만하게 볼록해서 정지선에서 차가 조금 위쪽으로 향한 채 멈춰 있으면 헤드 램프가 하향등이라도 주 조명부가 상대편 운전석을 향하게 된다. 그 상태에서는 상대편 운전자를 배려해 헤드 램프를 꺼 주는 것이 예의다.

신호 대기나 정차시에 헤드 램프를 켜 두는 것은 다른 차 운전자에게 자신의 존재를 잘 알릴 수 있어서 안전에 도움이 된다.

잘못된 상식들

04 | 고속으로 달릴 때에는 상향등을 켠다
거리가 충분해도 앞에 차가 있으면 상향등을 켜서는 안 된다

자동차 법규에도 이런 내용은 없다. 다만 앞에서 마주 오는 차나 앞서 가는 차가 있으면 하향등을 켜라고 되어 있을 뿐이다.

자동차 헤드 램프는 빛을 강력하게 집중하므로 광선을 직접 보는 사람은 눈이 매우 피로해진다. 자기 차 헤드 램 프에 의지해서 밤길을 주행하는 사람은 헤드 램프가 너무 어둡다고 느끼겠지만, 그 헤드 램프를 마주 바라보며 운전 하는 사람은 몹시 눈이 부시고 짜증이 나기 일쑤다. 그래 서 하항등이 있는 것이다. 하항등은 주 광축이 차 높이보 다 아래로 유도되어서 앞차 운전자의 눈 높이나 사이드 미 러 높이로는 소량의 빛만 가도록 설계되어 있다.

상항등은 최대한의 전방 조명을 위해 주 광축이 차 높이 와 같은 높이를 유지한 채 앞으로 멀리 나간다. 상항등을 마주 보면 눈을 제대로 뜰 수 없을 정도로 눈이 부시다. 종 종 상항등을 켠 것처럼 헤드 램프가 강력한 차를 보게 되 는데, 이것은 상항등이 아니라 불법으로 하향등의 각도를 조정해서 좀 위로 향하게 한 것이다. 진짜 상항등을 켜고 달려오는 차의 불빛은 이보다 더 눈이 부시다.

고속도로에서 상항등을 켜고 쫓아오는 차가 가끔 있다. 악의가 있는 것이 아니라 고속에서는 시야를 확보하기 위 해 상항등을 켜는 것이 좋다는 말을 어디서 들었기 때문일 것이다. 하지만 100m 전방에서 앞서 가는 차는 리어 뷰 미러를 봐도 그 차 상항등만 밝게 빛날 뿐 다른 덜 밝은 물 체들은 극히 어둡게 보인다. 눈의 홍채가 가장 밝은 빛에 감응하기 때문이다. 차선을 바꾸려고 해도 도대체 옆에 뭐 가 따라오는지 알 수도 없다. 거리가 충분히 떨어졌다고 생각되더라도 앞에 차가 있으면 상항등을 켜서는 안 된다.

상항등이 아주 쓸모가 없는 것은 아니다. 밤에 가로등도

없고 주변 상점의 불빛도 없는 캄캄한 지방도로를 주행할 때에 상향등을 켜면 시야가 한결 안전하게 확보된다. 그럴 때에는 상향등을 사용하되 앞에 가는 차가 있거나 반대편에서 오는 차의 헤드 램프 불빛이 보이면 즉시 하향등으로 전환해서 상대방 운전자의 안전을 지켜 주어야 한다.

많은 차는 하향등을 켰을 때에는 계기판에 아무런 표시등도 들어오지 않고, 상향등을 켰을 때에만 헤드 램프 모양의 청색 표시등이 들어온다. 어떤 아주머니는 그 청색 표시등이 들어와야만 헤드 램프가 작동하는 것으로 알고 계속 상향등을 켜고 내 뒤를 쫓아온 적이 있다. 하도 화가 나서 신호 대기 때에 차가 멈추기를 기다려서 따지려고 갔다. 몇 마디 주고받는 사이에 그 아주머니가 하향등은 계기판에 표시등이 없다는 사실을 모르고 있음을 알게 되었다. 그래서 내가 하향등 켜는 법을 가르쳐 주고 돌아온 기억이 있다.

상향등을 사용하되, 앞에 가는 차가 있거나 반대편에서 오는 차의 헤드 램프 불빛이 보이면 즉시 하향등으로 전환해서 상대방 운전자의 안전을 지켜 주어야 한다.

계기판의 상향등 작동 표시

05 | 코너를 돌 때에는 늘 '아웃-인-아웃'으로
커브를 훤히 꿰고 있거나 시야가 멀리까지 확보될 때만 쓴다

아웃-인-아웃은 모퉁이를 돌 때에 원심력을 줄이기 위해 곡률을 줄이는 코스 설정법이다. 커브 진입 때에는 차선의 바깥쪽(out)으로 붙고 커브 중간에서는 차선의 안쪽(in)으로 붙다가 커브가 끝날 무렵에는 다시 바깥쪽(out)으로 붙는다. 커브 길이지만, 직선에 가깝게 약간 펴 주는 효과가 있어서 그만큼 원심력을 덜 받는다. 정확히 말하자면, 커브 중간에서 확 꺾을 때에 원심력을 강하게 받을 것을 긴 길이에 걸쳐 받도록 분산시키는 것이다.

여러 책에서 아웃-인-아웃 방법을 설명하고 있다. 이 방법을 사용하면 원심력을 줄일 수 있기는 하지만, 옆 차선에 차가 함께 달릴 때에 사용하면 측면 충돌의 위험이 있다. 그리고 타이어가 미끄러질 만큼 원심력이 심하지 않을 때에 이 방법을 사용하면 괜히 번거롭기만 하다.

제한 속도를 지켜 여유 있게 주행한다면 아웃-인-아웃 방법을 사용할 기회는 없다. 그리고 인식하지 못한 채 위험한 속력으로 커브에 진입했을 때에는 아웃-인-아웃 방법의 코스를 그려 보면서 그에 따라 주행할 만큼 여유가 있지도 않다. 그런 경우에는, 놀라서 갑자기 브레이크를 밟지 않도록 신경 쓰는 것이 안전을 위해 중요하다.

아웃-인-아웃 방법은 커브를 훤히 꿰고 있을 때나 시야가 멀리까지 확보될 때에만 쓰는 것이 바람직하다. 내 경험을 말하겠다. 밤에 절벽을 따라 나 있는 길에서 커브를 좀 심하게 꺾으면서 아웃-인-아웃 방법을 사용한 적이 있다. 그런데 90도 정도로 커브가 끝나는 게 보통인데, 그 커브는 140도 정도까지 계속 돌아가는 바람에 혼났다. 절벽이 가려서 시야가 짧았기 때문에 나는 으레 커브 출구에 다다른 것으로 예측하고 차선 바깥쪽으로 붙었는데, 커브가 더 이어지는 바람에 차가 중앙선을 조금 넘어서

아웃-인-아웃은 모퉁이를 돌 때에 원심력을 줄이기 위해 곡률을 줄이는 코스 설정법이다. 그러나 옆 차선에 차가 함께 달릴 때에 사용하면 측면 충돌의 위험이 있다.

야 차를 원래 코스로 잡아채 올 수 있었다. 다행히 그때에 반대편에서 오는 차가 없었다. 시야가 확보되지 않고, 잘 아는 커브가 아니면 차선 안쪽으로 계속 붙어서 주행하는 것이 안전하다.

정말 속력을 내 보고 싶다면 아웃-인-아웃을 좀 변형시켜야 한다. 최단 시간에 코스를 주파하려면 브레이크를 최소한으로 사용하고 되도록 오래 액셀러레이터 페달을 밟고 있어야 한다. 물론 커브 주행 때에는 액셀러레이터 페달을 자세 제어에 필요한 이상으로 밟으면 타이어만 헛돌면서 속력도 잃고 코스도 더 느슨해지기 때문에 랩타임(lap time)에서 손해를 본다. 커브에 진입하기 직전에 단시간에 최대한 감속하고(물론 여러 번의 연습을 통해 자동차의 성능과 코스 형상을 꿰고 있어야 한다), 커브에 들어가서도 초기에는 속도를 조금 줄이고 조향을 동시에 해야 한다. 커브에서 차로 안쪽으로 최대한 붙는 지점을 커브의 복판이 아니라 좀 앞쪽으로 가져오도록 한다. 이렇게 하면 나중에 커브에서 탈출할 때에 곡률이 적은 경로를 따를 수 있고, 그만큼 액셀러레이터를 더 밟아 줄 수 있다. 곡률이 크면 액셀러레이터를 조금만 밟아도 타이어가 미끄러지기 때문이다. 이 방법의 진가는 커브를 탈출할 때에 한결 높은 속력으로 뒤이은 직선로를 달려나갈 수 있다는 것이다. 따라서 평균 주행 속도를 높이는 데 도움이 된다.

정말 속력을 내 보고 싶다면 아웃-인-아웃을 좀 변형시켜야 한다. 최단 시간에 코스를 주파하려면 브레이크를 최소한 사용하고 되도록 오래 액셀러레이터 페달을 밟고 있어야 한다.

06 내리막길에서는 늘 엔진브레이크를 쓴다
모든 내리막에서 엔진브레이크를 사용할 필요는 없다

초보자들이 보는 자동차 서적이나 일반 잡지의 단편 기사를 보면, 내리막길에서는 엔진브레이크를 사용하라고 권하고 있다.

결론부터 이야기하면, 내리막길을 만날 때마다 엔진브레이크를 사용할 필요는 없다. 내리막이 짧으면 엔진브레이크는 별로 도움이 되지 않는다. 엔진브레이크를 사용하면 주 브레이크에서 발생하는 마찰열을 줄일 수 있어서 주 브레이크가 과열로 기능을 잃는 사태를 예방할 수 있다. 곧, 엔진브레이크는 주 브레이크가 마찰열 때문에 부담을 받을 정도로 긴 내리막길에서나 효과가 있다. 또 차에 많은 짐을 실었거나 정원을 초과한 상태라면 엔진브레이크를 사용해서 주 브레이크의 마찰열 부담을 덜어 주는 것이 좋다. 요즘은 주 브레이크의 성능이 향상되어서 엔진브레이크가 꼭 필요한 경우는 거의 없다.

엔진브레이크 사용이 엔진이나 변속기에 무리를 주는 것은 아니다. 하지만 엔진브레이크를 작동시킬 때에는 불쾌한 변속 충격이 따르기 마련이고, 언덕을 다 내려가면 다른 단수로 변속해 줘야 하므로 번거롭다.

주 브레이크의 마찰열 용량에 무리가 될 정도의 상황은 언덕을 내려가는 속력이 60km/h 이상으로 빠르면서 차의 뒷부분이 푹 내려갈 정도로 짐이나 승객을 많이 실었을 경우다. 그러나 이런 상태라고 해도 내리막 길이가 500m를 넘지 않으면 엔진브레이크를 사용할 필요는 없다.

주 브레이크가 마찰열로 과열되면 얼마나 브레이크가 듣지 않게 되는지 안전하게 실험해 볼 수 있다. 한적한 고속도로를 150km/h로 주행하다가 다소 급하게 제동하면서 0km/h(정지 상태)까지 속력을 내려 본다. 감속을 하는 과정에서 50km/h쯤 도달하면 브레이크가 잘 듣지 않

엔진브레이크를 사용하면 주 브레이크에서 발생하는 마찰열을 줄일 수 있어서 주 브레이크가 과열로 기능을 잃는 사태를 예방할 수 있다.

음을 느낄 수 있다. 30km/h쯤까지 내려오면 브레이크 페
달을 더욱 세게 밟아야 차가 좀 멈추는 느낌이 든다. 속도
가 높아질수록 브레이크가 안게 되는 마찰열 부담은 커
진다. 과속을 즐긴다면 브레이크 능력부터 생각해 보는
것이 좋다.

07 | 면장갑 착용
굳이 끼고 싶으면 면장갑보다는 가죽장갑이 좋다

운전할 때에 흰색 면장갑을 끼는 것은 예전에 자동차 운전이 특별한 기술로 간주되던 때의 습관이다. 공장에서 기계장치를 다루는 사람들이 면장갑을 끼었듯이 운전기사들도 면장갑을 꼈다. 그때는 운전을 할 줄 아는 사람은 '운전기사'라고 불러도 될 만큼 특별한 기술자였다.

지금은 누구나 운전을 한다. 장갑도 필요 없다. 면장갑은 스티어링 휠과 기어봉에서 쉽게 미끄러지기 때문에 끼는 것이 오히려 불편하다. 그래도 장갑을 끼고 다니는 아주머니들이 있다. 손등이 햇볕에 타는 것을 막기 위해서라고도 하고, 손바닥에 굳은살이 박이는 것을 피하기 위해서라고 한다. 그러나 파워 스티어링이 달린 차라면 운전하면서 손바닥에 굳은살이 박이는 일은 없다.

웬만하면 운전할 때에 장갑은 끼지 않는 것이 좋다. 특히 면장갑은 미끄럽기 때문에 조작성을 떨어뜨린다. 이런 장갑을 끼면 미끄러지지 않게 하려고 스티어링 휠을 꽉 움켜잡느라 오히려 손에 피로가 빨리 온다.

내가 운전중 가끔 착용하는 장갑은 얇은 가죽으로 만든 테니스 장갑이다. 테니스 장갑은 양쪽 손이 다 나오고(골프용은 왼손용 한 짝만 나온다) 손가락 끝이 노출된 형태이기 때문에 오디오를 조작할 때에도 손가락 감촉이 살아 있어서 편리하다. 나는 테니스 장갑을 장거리 운전을 할 때만 낀다. 이 장갑을 끼면 손바닥에서 땀이 나도 스티어링 휠이 미끄럽지 않다. 그러나 평상시에는 목적지에 도착해서 장갑을 벗는 일이 번거로워서 사용하지 않는다.

'핸들 커버'라는 이름의 스티어링 휠 커버도 많이 쓰고 있다. 중후한 갈색 가죽으로 만든 것부터 시작해서 패션성을 살린 빨간색 제품도 있고, 수지침 효과를 위해 뾰족한 돌기가 여러 개 달린 것도 있다. 핸들 커버는 주로 가죽 스

면장갑은 미끄럽기 때문에 조작성을 떨어뜨린다. 이런 장갑을 끼면 미끄러지지 않게 하려고 스티어링 휠을 꽉 움켜잡느라 오히려 손에 피로가 빨리 온다.

티어링 휠을 채용하지 않은 소형차에서 사용하는데, 핸들 커버를 끼우게 되면 스티어링 휠이 너무 굵어져서 한 손에 잡히지 않을 수 있다. 두툼한 양털 핸들 커버를 끼운 스티어링 휠을 껴안다시피 하며 가는 아주머니도 봤는데, 손이 유난히 크거나 스티어링 휠이 너무 가늘다고 생각하지 않는 이상 핸들 커버는 필요 없다.

08 | 길들이기 기간에는 되도록 고속으로
길들이기 과정에서는 차량에 최대 성능을 요구하지 않는다

새 자동차에는 길들이기 기간이 있다. 길들이기 기간은 흔히 2,000km 정도를 지정하는데, 이 기간에는 자동차의 최대 능력을 사용하지 말도록 되어 있다. 길들이기는 새 차를 사용하는 과정에서 각 부품의 금속 표면이 마모되면서 강화되는 효과를 얻는 기간이다. 공장에서 새로 주조하거나 깎아 만든 금속 부품은 강도가 그저 그렇다. 이것을 사용하는 동안에 부품 작동면을 미세하게 뭉개면 부분적으로 강도가 증가하여 추가적인 마모에 견디는 능력이 좋아진다. 이것이 길들이기의 원리다. 길들이기를 하고 나면 각 부품의 맞물림이 원활해지므로, 길들이기 전보다 연비와 성능이 조금 향상된다.

처음부터 엔진을 최대 성능으로 몰아붙이면 아직 강도가 제대로 얻어지지 않은 새 부품들의 작동면에 큰 부하가 걸려서 미처 강화되기도 전에 퍽퍽 깎여 나간다. 자동차 잡지의 시승기를 보면 갓 출고된 차의 가속력 테스트를 하느니 최고 속도 테스트를 하느니 하는 말이 나오는데, 그때의 성능은 잘 길들여진 차의 성능에 비해 다소 떨어진다. 그리고 그런 식으로 길들여진 차는 사용중 계속해서 성능상의 문제가 발생할 수 있다. 다행히 신차 발표시에 시승용으로 무리하게 쓴 차들은 자사 직원에게 할인 판매되므로 일반 소비자는 걱정할 필요가 없다.

길들이기 과정에서는 차량에 최대 성능을 요구하지 않는 것이 중요하다. 그것만 잘 지키면 별달리 신경 쓸 것 없이 자신의 습관대로 운전하면 된다. 나는 길들이기 기간에도 가끔 4,000rpm까지 회전수를 올리는데, 문제는 없다. 길들이기를 한다고 일부러 사람을 많이 태우고 고속도로를 140km/h 정도로 한번 "뽑아 줘야" 한다고 하는 소리도 들리는데, 그렇게 한다고 나쁠 것은 없지만 괜히 따로 연료를 낭비할 필요까지는 없지 않나 싶다. 굳이 고속도로를 달리지 않아도 길들이기는 진행되기 때문이다.

반대로 길들이기를 한다고 아주 천천히, 조심조심 주행하는 사람도 있다. 그런 방식으로 길들이기를 해도 문제는 없다. 다만, 평소 방식대로 주행해도 길들이기는 저절로 된다는 것을 알면 굳이 신경 쓸 필요가 없다.

길들이기를 할 때에 너무 조심스럽게 운전한 차는 나중에도 힘이 없다는 말을 가끔 듣게 되는데, 그것은 근거 없는 이야기다. 실상은 이렇다. 대체로 보면, 차를 살살 몰고 다니는 사람들은 차에 관심이 많지 않다. 그러다 보니 유지 보수를 등한시하고 차 상태가 좋지 않게 되는 것이다. 그런 차는 점화플러그와 에어필터 등 소모품을 몇 가지 교환해 주고 나면 제 힘을 되찾는 경우가 많다.

길들이기는 10,000km 정도에서 완성된다. 바꾸어 말하면, 차는 10,000km가 될 때까지 연비와 최고 속도가 점진적으로 향상된다.

09 | 광폭 타이어로 바꾸기
타이어를 광폭으로 바꾸면 연비 저하는 어쩔 수 없다

광폭 타이어는
타이어와 노면이
접촉하는 접지 면적이
더 넓어서 급제동과
코너링 때에
덜 미끄러지는
이점이 있다.

광폭 타이어는 자동차 메이커의 본디 타이어보다 폭이 더 넓은 타이어를 말한다. 광폭 타이어는 타이어와 노면이 접촉하는 접지 면적이 더 넓어서 급제동과 코너링 때에 덜 미끄러지는 이점이 있다.

보통 중형차는 처음에 폭 185mm 타이어가 달려서 나온다. 이것을 폭 205mm나 215mm 타이어로 바꾸면 접지력은 향상되지만, 바퀴가 회전할 때에 부담해야 하는 타이어 체적이 증가하므로 타이어가 회전할 때에 소모되는 동력(구름 저항)이 증가한다. 구름 저항이 증가하면, 마치 주차브레이크를 두세 칸 당겨 놓은 채 주행하는 것처럼 액셀러레이터를 많이 밟아야 예전만큼 출발할 수 있고, 최고 속력이 떨어지며 연비도 나빠진다. 물론 타이어 가격도 폭이 넓은 만큼 비싸다.

현대 자동차 베르나 린번이 155mm 폭의 좁은 타이어를 달고 나오는 것도 폭이 좁은 타이어가 연비 향상에 유리하기 때문이다. 같은 엔진의 린번이 아닌 베르나는 175mm 폭의 타이어이다.

접지력을 정말 높이고 싶다면 타이어를 광폭으로 바꾸는 것과 함께 휠도 광폭으로 바꿔 줘야 한다. 휠 폭은 인치로 표시하는데, 순정 14인치 휠(5.5인치 폭)에 타이어만 215mm 폭을 끼우면 성능을 제대로 발휘할 수 없다. 휠 폭도 6.5인치 정도로 넓은 것을 사용해야 한다. 215mm 폭 타이어로 제대로 된 성능을 얻으려면 타이어와 휠을 합쳐서 차 한 대에 백이십만 원에서 백오십만 원쯤 든다. 물론 연비와 순발력이 떨어지는 것은 피할 수 없다. 돈을 절약하느라고 순정 휠에 타이어만 광폭으로 바꿔 끼워서 얻을 수 있는 성능은 그다지 높은 수준이 아니다.

타이어 크기는 타이어 옆면에 양각되어 있다. "185 60

R 82H" 라는 식으로 씌어진 숫자열이 그것이다. 185는 타이어의 전체 폭이 185mm임을 나타낸다. 소형차는 155~185, 중형차는 185~205 정도를 사용한다. 60은 편평비 扁平比(aspect ratio)를 가리킨다. 이것은 타이어 고무 부분의 높이가 185mm 폭의 60%라는 뜻이다. 편평비 숫자가 작을수록 스티어링 동작에 대한 차체의 응답은 빨라지지만, 노면 굴곡을 직접적으로 전달하기 때문에 승차감은 좋지 않다. R은 래디얼 타이어(radial tire)를 뜻한다. 승용차용 타이어는 모두 래디얼 구조이므로 R자에는 신경 쓸 필요가 없다. 82는 하중 등급으로서, 타이어가 얼마나 큰 하중을 견딜 수 있는지를 나타낸다. 예를 들어, 소형 타이어를 대형 트럭에 끼우면 몹시 압축되어 제 모양을 찾지도 못하고 터져 버린다. 하중 등급이 부족하기 때문이다. 승용차에 사용할 것이라면 하중 등급은 신경 쓸 필요 없다. 맨 끝의 H는 속도 등급이다. H는 순간 안전속도가 최고 210km/h다. T는 190, V는 240km/h 속도까지 안전이 보장된다. 하지만 이것은 순간적으로 견딜 수 있는 속도일 뿐이다. 이런 속도로 계속 주행하다가 타이어가 열을 지나치게 받아 터지더라도 메이커는 책임지지 않는다.

휠 폭은 인치로 표시하는데, 순정 14인치 휠에 타이어만 215㎜ 폭을 끼우면 성능을 제대로 발휘할 수 없다. 휠 폭도 6.5인치 정도로 넓은 것을 사용해야 한다.

잘못된 상식들

10 | 웜업은 길수록 좋다
가장 좋은 웜업은 천천히 주행하며 하는 것이다

웜업(warm up)은 엔진과 기계장치를 정상 작동 온도까지 올리기 위한 공회전이다. 웜업을 언제까지 해야 하는지에 대해서는 의견이 많다. 계기판의 수온계가 정상 눈금까지 올라갈 때까지 해야 한다는 의견이 있는가 하면, 수온계 바늘이 약간 움직이기 시작하면 된다는 의견도 있다. 엔진 회전수가 1,000rpm 이하로 떨어져야 한다는 말도 있고, 웜업은 필요 없고 15초쯤 기다린 뒤 그냥 출발하면 된다고도 한다.

웜업의 목적은 엔진과 기계장치의 온도를 올려서 연소 상태를 개선하며, 기계장치가 원활하게 맞물리도록 열팽창을 고르게 발생시키는 것이다. 겨울철 웜업은 여름에 비해 시간이 더 걸린다. 그렇다고 해서 아침 출근 시간마다 10여 분씩 엔진 수온계가 정상 눈금까지 올라가도록 공회전시키며 기다릴 수도 없는 노릇이다.

구식 카뷰레터 엔진은 엔진 흡기관이 차가우면 카뷰레터에서 분출된 가솔린 안개가 잘 증발하지 않기 때문에 엔진이 충분히 데워지지 않은 상태에서는 정상적인 연소가 불가능했다. 따라서 추운 겨울철에는 웜업이 필수였다. 그러나 요즘 나오는 연료분사 엔진은 연료를 실린더 직전에서 분사해 주므로 흡기관이 아무리 차가워도 연소 상태에는 영향을 미치지 않는다. 그래서 웜업 시간이 극히 짧더라도 시동이 꺼진다든지 엔진이 쿨럭거린다든지 하는 문제는 없다.

하지만 엔진의 웜업은, 연소 상태만을 개선하는 것이 아니라, 각 부품들이 제대로 된 치수로 열팽창을 하도록 만드는 역할도 한다. 엔진 냉각수의 정상적인 작동 온도는 85℃ 정도다. 추운 겨울에는 엔진의 각 부품이 온도가 낮아 수축되어 있으므로 정상적인 온도에서 길들여진 마찰면과 차가운 온도에서의 마찰면은 똑같은 모양이 아니다. 그러므로 엔진 냉각수 온도가 정상이 되기 전에는 최대 출력으로 운행하는 것을 삼가야 한다.

원격 시동기나 타이머 시동기를 이용해서 아침에 자동적으로 웜업이 되도록 하는 사람도 있는데, 지나치게 긴 웜업은 공해를 유발하기 때문에 바람직하지 않다. 배기가스 정화 촉매가 50% 효율로 작동하려면 촉매 온도가 250℃는 되어야 하는데, 공회전의 적은 가스 흐름으로는 그 온도를 얻기 어렵다. 특히 겨울에는 촉매도 영하의 온도로 싸늘히 식어 있으므로 공회전 배기가스 열기만으로 250℃에 도달하려면 몇 분이 걸린다. 촉매의 온도를 천천히 올리는 웜업 방법은 정화되지 않은 다량의 유해 가스를 배출하게 된다. 그러므로 10분씩 공회전 상태로 방치하는 것은 환경 보호 면에서도 좋지 않다.

좋은 웜업 방법의 첫 단계는 시동을 걸고 30초 남짓 기다려서(여름에는 10초쯤이면 충분) 엔진이 시동을 위한 높은 rpm(2,000rpm 이상)에서 벗어나기를 기다리는 것이다. 물론 겨울에는 웜업 시간을 줄이기 위해 ECU가 일부러 공회전 rpm을 평상시보다 조금 높게 유지하지만, 그것까지 정상으로 내려오기를 기다리자면 10분쯤 걸린다. 그렇다면 왜 30초일까? 그 정도면 엔진오일이 각 부분에 보내지기에 충분한 시간이기 때문이다.

30초의 여유로 엔진이 기초적인 작동 상태에 들어갔으면 천천히 주차장을 빠져 나와 도로로 진입한다. 이렇게 주행하며 웜업하면 공회전하는 것보다 많은 연료를 연소시키게 되므로 엔진 온도가 더 빨리 올라간다. 그리고 변속기도 웜업이 된다. 계기판의 수온계가 정상 눈금의 절반 정도에 이르기 전까지는 최대 출력으로 주행하는 것을 삼가고 느긋한 태도로 천천히 가속해야 한다.

엔진 냉각수 온도가 정상이 되기 전에는 최대 출력으로 운행하는 것을 삼가야 한다. 그리고 너무 긴 웜업은 공해를 유발하므로 바람직하지 않다.

잘못된 상식들

6

눈길과 빗길 운전

운전자들은 겨울철에는 으레 다른 계절에 비해 주의를 기울여 차를 몬다. 무엇보다 겨울철 도로의 복병인 빙판이 위험하다는 것을 누구나 알고 있기 때문이다. 아직 빙판길에서 차가 미끄러져 곤란을 겪어 보지 않은 사람들도 미리 겁을 먹고 조심조심 운전을 한다. 서울 같은 대도시는 워낙 아파트 단지에서 나오는 난방 폐열이 많고 차량 통행량도 엄청나서, 풍성하게 쌓인 눈 한번 제대로 구경하지 못하고 겨울을 지내는 해가 자주 있다. 그래도 전국을 놓고 보면 눈이 많이 쌓이는 지방이 있고, 자동차는 전국 방방곡곡을 누비도록 만들기 때문에, 어떻게 하면 눈길과 빙판길 운전을 안전하게 할 수 있는지 알아 두는 것이 좋다.

01 눈길이 위험한 이유
다만 눈길에서는 큰 사고가 드물다

눈길은 왜 위험할까? 타이어가 쉽게 미끄러지기 때문이다. 마른 땅에서 하듯이 조향하면, 타이어가 미끄러져서 방향은 전혀 바뀌지 않은 채 그 전의 방향대로 주르르 미끄러져서 앞차를 들이받기가 일쑤다. 제동도 거의 불가능해서 전방에 이미 접촉 사고로 차가 엉켜 있는 것을 보면서도 속력을 전혀 줄이지 못한 채 3중, 4중 추돌의 대열에 어쩔 수 없이 섞이곤 하는 것이 눈길에서의 운전이다.

다행히 눈길에서 대형 사고는 좀처럼 일어나지 않는다. 대형 사고는 거의 다 마른 땅에서 일어난다. 마른 노면에서는 일단 기본 속력이 높기 때문에 한번 터졌다 하면 대형 사고일 확률이 높다. 눈길에서는 속력을 내 봤자 마른 땅과 견주면 그리 높지 않아서, 사고가 나더라도 인명 피해는 별로 크지 않은 것이 보통이다.

길 위에 눈이 내리면 사실 그다지 미끄럽지 않다. 특별히 마른 노면 전용 스포츠 타이어(이 타이어에 빗길과 눈길은 쥐약이다)를 끼우고 있는 것이 아니라면, 전륜구동 차의 경우에 웬만한 오르막은 어렵지 않게 오를 수 있다. 단, 후륜구동 차는 눈길에 취약하다. 트랙션 컨트롤을 써서 한층 더 높은 구동력을 끌어 낼 수 있도록 한 고급 차도 있지만, 후륜구동 차의 한계는 엄연히 있다. 앞타이어에 큰 무게가 걸리는 전륜구동 차는 스포츠카처럼 섬세한 차량 핸들링에는 불리하지만, 눈길이나 빙판길처럼 접지력이 적은 상황에서는 크게 유리하다.

많은 차량이 통행하면서 눈이 다져지면, 눈은 부드럽게 눌리는 성질을 잃은 대신 얼음과 비슷해진다. 눈이 내린 뒤 기온이 조금 올라가면, 눈은 편의점에서 파는 슬러시 음료처럼 질퍽한 상태로 바뀌었다가, 밤이면 꽁꽁 얼어붙어 얼음처럼 된다. 눈이 부드러울 때에는 타이어에 새겨진

앞타이어에 큰 무게가 걸리는 전륜구동 차는 스포츠카처럼 섬세한 차량 핸들링에는 불리하지만, 눈길이나 빙판길처럼 접지력이 적은 상황에서는 크게 유리하다.

눈길의 비밀 운전

무늬가 눈 속으로 파고들어가면서 접지력을 발휘할 수 있지만, 눈이 단단해지면 그나마도 불가능해지고 노면은 더욱 미끄러워진다. 그래서 눈길보다 빙판길이 더 미끄럽다.

대도시에서는 눈이 내리면 재빨리 노면에 염화칼슘을 뿌린다. 염화칼슘은 용설제溶雪濟다. 눈이나 물에 염화칼슘이 녹아 들면 어는점이 내려간다. 염화칼슘 수용액은 부동액 비슷한 효과를 낸다. 염화칼슘이 섞인 눈은 잘 얼지 않기 때문에 노면이 빙판이 되는 최악의 사태는 피할 수 있다. 눈이 얼지 않는다는 것은 슬러시 상태로 남는다는 뜻이다. 그래서 눈길에 염화칼슘을 살포하면 질퍽질퍽한 상태로 일 주일이고 열흘이고 길 가장자리에 범벅이 남는 것이다.

염화칼슘은 용설제이기도 하지만 흡습제로서 더 많이 알려져 있다. 유명한 가정용 흡습제인 '물 먹는 하마'는 용기에 염화칼슘을 넣고 뚜껑을 붙인 것이다. 염화칼슘은 주변의 수분을 흡수해서 스스로 녹는다. 그래서 염화칼슘을 보관하는 포대는 방습성 재질로 만들어졌다. 도로에 뿌려진 다량의 염화칼슘도 흡습성을 발휘한다. 날씨가 따뜻해지고 다른 곳의 눈이 다 증발해서 없어져도 염화칼슘을 뿌린 도로는 주변의 습기를 흡수해서 늘 촉촉하게 젖어 있다. 겨울철 도심지 도로가 짙은 흑색으로 보이는 것은 염화칼슘이 습기를 머금고 있기 때문이다. 염화칼슘 때문에 겨울 내내 촉촉한 도로는 잘 마른 도로보다 한결 미끄럽다. 그래서 겨울에는 눈이 내리지 않는 날이라고 해도 조심해서 운전해야 한다.

도로에 뿌려진 염화칼슘은 늦겨울 매우 건조한 날씨에는 허옇게 결정 형태로 나타나서 노면에 붙어 있다. 봄에 비가 와서 염화칼슘을 충분히 녹여 낸 뒤 길가 하수구로 흘러내려 보내기 전까지 염화칼슘은 노면에 남아 습기를 계속 흡수한다.

예전에는 눈이 오면 미끄러지지 않도록 길에 모래를 뿌

염화칼슘 때문에 겨울 내내 촉촉한 도로는 잘 마른 도로보다 한결 미끄럽다. 그래서 겨울에는 눈이 내리지 않는 날이라고 해도 조심해서 운전해야 한다.

렸다. 그런데 모래는 뿌린 뒤에 따로 청소를 해야 하는 번거로움이 있어서, 요즘에는 염화칼슘을 선호하는 추세다. 겨울에 영동고속도로를 다녀 보면 교통 흐름 때문에 중앙선과 길 가장자리로 날린 모래를 볼 수 있다. 그런 모래는 나중에 치워 주어야 한다. 모래를 그대로 두면 모래의 연마성으로 말미암아 길에 그려 놓은 차선 페인트가 닳아 없어진다. 도로를 관리하는 사람들에게 이래저래 모래는 인기 없는 품목이다. 초봄, 영동고속도로 대관령 구간 차선이 몽땅 닳아 지워진 이유도 겨울에 뿌린 많은 모래 때문이다.

02 | 부드럽게 출발하고 멈추기
눈길에서 차가 미끄러지는 것을 방지한다

눈길은 작은 구동력밖에 받아 주지 못한다. 빨리 출발하기 위해 액셀러레이터 페달을 강하게 밟아 타이어에 큰 구동력을 걸면 반드시 미끄러진다. 이럴 때에는 살살 출발해서 타이어가 미끄러지지 않도록 구동력을 작게 유지해야 한다. 구동력이 커서 일단 타이어가 미끄러지기 시작하면, 구동력을 웬만큼 줄여서는 멈출 수가 없다.

멈출 때에도 이와 마찬가지로, 작은 제동력만 타이어에 걸어 줘야 미끄러지지 않는다. 일단 미끄러지면 브레이크를 완전히 풀어 줘야 타이어가 노면에서 미끄러지는 상황에서 벗어나 노면을 물고 회전하는 상태로 돌아간다. 그 다음에야 브레이크를 살살 밟아서 타이어가 노면을 물고 회전하는 상태를 유지하는 한도 내에서 제동력을 걸어 줘야 한다.

멈출 때에도 출발할 때와 마찬가지로, 작은 제동력만 타이어에 걸어 줘야 미끄러지지 않는다.

일단 미끄러지면 타이어가 아무리 빠르게 돌아도(출발시), 아무리 회전을 멈춰도(제동시) 거의 효과가 없다. 차가 출발하거나 멈추려면 타이어를 거쳐 노면에 힘이 걸려야 하는데, 미끄러진다는 것은 타이어와 노면의 연결 관계가 끊긴다는 것이다. 시험 삼아 빙판길에서 액셀러레이터 페달을 콱 밟아 보면, 타이어는 마구 헛돌고 계기판의 속도계는 40㎞/h에 육박하지만, 차는 단 몇 센티미터도 나아가지 않는다. 멈출 때도 마찬가지다. 좀 과하게 브레이크를 밟았다 하면 타이어는 회전을 딱 멈추지만(타이어가 계속 굴러가게 해 줘야 할 노면으로부터의 힘이 끊겼으므로), 차는 스케이트장에 던져진 아이스하키 퍽처럼 전혀 방향을 바꾸지 않고 "피융" 하고 미끄러져 간다. 이때 아무리 브레이크를 더 세게 밟아도 소용 없다. 무엇보다 타이어와 노면 사이의 미끄러짐을 없애고 연결 상태를 회복시켜 주는 것이 급선무다. 브레이크를 완전히 풀어 타이어가 노면을 다시 물고 회전하도록 해 준 뒤, 다시 살살 조심스레 브레이크를 밟아야 한다.

눈길 제동에 도움을 주는 자동차의 ABS(Anti-lock Brake System)는 타이어가 노면에서 미끄러지는 현상을 감지하여 동작한다. 타이어가 미끄러지면서 노면과의 연결을 잃는 것이 감지되면 브레이크를 임의로 풀어서 타이어가 노면과 연결 상태를 회복하는지 확인한다. 타이어와 노면의 연결이 회복되면 노면이 받아 주는지 번번이 확인해 가면서 제동력을 차츰 회복시켜 간다. 다시 노면과 타이어의 연결이 끊기는 조짐이 보이면, ABS가 작동해 제동력을 그 수준에서 유지한다. 이 확인 과정이 1초에 열 번쯤 되풀이되면, 이때에 운전자는 페달에서 "드르륵" 하는 미세한 진동을 느낀다. 이것은 ABS가 임의로 제동력을 감소시킬 때에 발생하는 브레이크 계통의 유압 펄스다. 값싼 ABS에서는 이 펄스가 상당히 강해서 운전자가 불쾌하게 느낄 수도 있다.

그러나 ABS도 만능은 아니다. 빙판에서는 브레이크를 꽉 밟아도 ABS가 '노면이 허용하는 수준'으로 제동력을 자동적으로 줄이기 때문에 마른 땅에서보다 적은 제동력으로 감속된다. 노면이 정말 미끄럽다면 ABS가 완전히 제동력을 빼앗은 듯한 느낌이 들 정도로 속력이 더디게 줄어든다. 안전거리를 터무니없이 짧게 잡고 운전한다면 ABS가 있어도 빙판길에서 앞차를 추돌하는 사고는 피할 수 없다. 아주 급한 내리막에 빙판이 있으면 ABS가 있어도 차가 멈추지 못하는 일도 발생한다. 노면이 받아 줄 수 있는 제동력 한계가 아주 낮은 것을 감지하기 때문이다.

만일 ABS가 없다면 어떻게 될까? 운전자가 놀라서 브레이크를 꽉 밟으면 타이어가 딱 멈추면서 차는 얼음판 내리막을 비료 푸대를 타고 썰매놀이를 하는 아이처럼 내쳐 미끄러져 내려간다. 말하자면, ABS가 있는 경우보다 빠르게 미끄러지기 때문에 피해가 커질 확률이 높다.

눈길과 빙판길에서는 출발도 살살, 제동도 살살 하는 것이 사고 예방에 효과적이다. 부드럽게 출발하려면, 수동변속기 차는 2단으로 살살 출발해야 한다. 2단은 1단보다 힘이 두 배쯤 적게 걸리므로 액셀러레이터를 좀 덜 민감하게 밟더라도 어차피 구동력이 작아 타이어가 헛돌 위험이 적다. 자동변속기에는 이런 '힘없는 부드러운 출발'을 쉽게 하기 위해 홀드(HOLD) 모드가 있다. 현대자동차의 차량은 홀드 모드로 하면 출발할 때에 2단부터 시작하므로, 수동변속기 차에서 2단으로 출발하는 것과 마찬가지로, 액셀러레이터가 덜 민감해지며 부드럽게 출발하도록 조종하기가 쉽다.

자기 차에 홀드 모드가 없다고 실망할 것은 없다. 자동변속기는 출발 때에 시동을 꺼뜨리는 일이 없으므로 액셀러레이터 페달을 아주 살살 밟으면서 출발하는 것이 가능하기 때문에 큰 지장은 없다. 액셀러레이터 페달을 세심하게 밟아 가며 출발시키면 된다는 말이다. 고급 차에는 TCS(Traction Control System)가 있어서, 노면이 구동력을 제대로 소화하는지를 계속 확인하면서 잉여 구동력은 브레이크가 흡수하는 기능이 있다. TCS가 작동하는 차에서는 홀드 모드고 뭐고 필요 없다. TCS가 있는 차는 빙판에서 액셀러레이터를 콱 밟아도, 타이어가 잠시 움찔하며 헛바퀴를 도는 듯하다가 노면과 연결 상태를 유지하며 서서히 출발한다.

03 | 스노 타이어와 체인
눈을 쉽게 찍고 들어가고, 홈에 낀 눈이 빨리 떨어진다

스노 타이어는 눈길에서 우수한 접지력을 발휘하도록 접지면 홈을 굵고 깊게 만든 것이다. 추운 겨울에도 탄력성을 유지하도록 고무의 재질도 특별한 것을 채택한 제품이다. 스노 타이어는 겨울이 시작될 때에 일반 타이어를 빼낸 뒤 장착하고, 겨울이 지나면 다시 일반 타이어로 교체한다. 이와 같은 타이어 교환은 운전자 스스로 할 수는 없고, 카센터에 있는 타이어 탈착기가 있어야만 가능하다.

접지면 홈이 굵직하고 깊은 스노 타이어(위)와 일반 타이어(아래).

스노 타이어의 효과는 눈길에서 발휘된다. 스노 타이어의 기본 원리는 눈을 찍고 들어가서 접지력을 발휘하는 것이다. 스노 타이어의 홈은 눈을 쉽게 찍고 들어가고, 홈에 낀 눈이 빨리 떨어지도록 만들어졌다. 빙판에서도 스노 타이어는 효과적이다. 스노 타이어가 만능은 아니지만, 눈이 많이 오는 지역에서 사는 운전자라면 사용해 볼 만하다.

예전에는 스노 타이어에 짧은 못이 여러 개 박혀 있었다. 이 타이어 전용 못은 길지 않아 타이어에 구멍을 낼 위험은 없다. 이 못의 역할은 빙판길 접지력을 향상시키는 것이다. 그런데, 못이 박힌 스노 타이어는 마른 땅에서 아스팔트를 심하게 마모시키고 노면에 그려진 도로 표지를 마모시키는 등의 부작용이 있어, 여러 나라에서 법으로 사용을 금지하고 있다.

스노 타이어는 사용하지 않는 계절에는 보관할 곳이 마땅치 않다는 문제가 있다. 특히 타이어가 커다란 대형차는

골칫거리다. 그 때문인지 겨울이 지나도 스노 타이어를 계속 장착한 채 다니는 차도 있다. 그런데 스노 타이어는 타이어 홈이 깊어서 주행중 둥그런 타이어가 접지면에 맞춰 평면으로 펴질 때에 소모하는 변형 에너지가 크다. 따라서 연비에 불리하며, 같은 넓이라고 해도 접지면 홈이 굵기 때문에 실제 땅과 접촉하는 고무의 면적이 줄어들어서 마른 땅 접지력은 일반 타이어보다 떨어진다. 또 접지면 홈이 굵어서 주행중 타이어에서 발생하는 소음도 많아진다. 이런 단점만 감수한다면 스노 타이어를 봄이나 여름까지 계속 사용해도 문제는 없다.

타이어에 장착한 와이어 체인. 눈이 쌓이지 않은 길에서 주행하면 심한 진동을 일으킨다.

필요할 때에만 타이어 둘레에 감아 접지력을 향상시키는 체인은 평소에 접어서 보관할 수 있어서 편리하다. 가격도 스노 타이어의 8분의 1 정도로 싸다. 체인은 전통의 '그넷줄 체인'에서 유래한다. 그넷줄 체인이란 어린이 놀이터에 있는 그네에 사용하는 쇠사슬을 말한다. 예전에는 그넷줄 체인을 승용차에도 사용했는데, 이제 승용차용은 신형 와이어 체인이나 우레탄 체인에 자리를 빼앗겼다. 그넷줄 체인은 우수한 눈길 접지력을 자랑하지만, 체인이 너무 굵어서 덜컹거리는 승차감으로 악명 높다. 요즘에는 그넷줄 체인이 화물차나 버스용으로만 나오고 있다.

와이어 체인은 가느다란 철선을 수십 가닥 엮어 형성한

와이어 케이블(wire cable)을 기본 구조로 하고, 땅과 닿는 부분에만 철제 튜브를 씌워서 와이어가 쉽사리 닳아 끊어지지 않도록 보호하고 있다. 와이어 체인은 가늘게 만들 수 있어서 장착하고 달릴 때에 덜컹덜컹하는 느낌이 그넷줄 체인보다 한결 덜하다. 그렇다고는 해도 마른 땅에서 40km/h가 일반인이 견딜 수 있는 한도다. 그보다 더 밟으면 이가 맞부딪칠 만큼 진동이 심해진다. 눈이 쌓인 곳에서는 체인이 눈 속으로 파고들어가기 때문에 덜컹거리는 느낌이 훨씬 덜하다. 가격은 만오천 원부터 오만 원 사이다.

우레탄 체인은 연질 플라스틱을 그물 모양으로 성형하고 타이어에 감았을 때에 땅에 닿는 부분에 군데군데 금속 돌기를 박아 넣은 것이다. 와이어 체인보다 마른 땅에서의 승차감이 더 좋지만, 개중에는 사용중에 우레탄 체인이 구동력을 못 이기고 끊어져 버리는 불량품이 있다. 가격은 이만오천 원짜리부터 있는데, 와이어 체인보다 고급품으로 쳐 준다.

체인은 위급한 상황에서 차를 탈출시킬 때에 잠깐 쓴다는 생각으로 장착하는 것이 좋다. 체인을 끼우고 하루 종일 다닐 만한 상황이 우리 나라에서는 거의 없다. 예전에 영화관 지하 주차장 출구 경사로에 얼음이 단단하게 얼어서 체인을 사용해서 빠져 나온 적이 있다. 입구 쪽은 얼어 있지 않아서 그냥 들어갔다. 그런데 영화를 다 보고 출구로 나올 때에 그쪽이 매끈한 빙판으로 덮인 것을 발견했다. 처음에는 그냥 올라가려고 시도해 봤는데, 반쯤 올라서는 뒤로 주르르 미끄러지기를 되풀이했다. 그래서 할 수 없이 체인을 감고(체인 장착하는 데 5분 정도면 충분하다) 급한 경사를 간신히 올라온 적이 있다.

체인을 한 번도 사용하지 않고 겨울을 나는 경우도 있지만, 나는 해마다 11월만 되면 체인을 트렁크에 실어 놓는다. 체인은 3월 말까지 계속 트렁크에 있는데, 그것은 3월

초에 폭설이 내리는 경우도 더러 있기 때문이다.

체인을 살 때는 자기 차량의 타이어 치수를 정확히 알아야 한다. 타이어가 크고 체인이 짧으면 체인을 걸지 못하고, 체인이 너무 길면 체인 끄트머리가 너무 남아서 주행 중에 차체를 때려 손상시킨다. 특히 체인을 구입할 때에 그냥 '베르나용' 이니 '누비라용' 이니 하는 식으로 달라고 하면 절대로 안 된다. 왜냐하면 베르나도 155mm 폭 타이어(린번)부터 185mm 타이어(옵션 품목)까지 다양하기 때문이다. 누비라도 175mm짜리 타이어(D5 1.5)부터 195mm 타이어(프리미엄)까지 다양하다. 반드시 숫자로 된 타이어 치수를 알고 체인을 골라야 한다.

체인 크기에서 숫자가 꼭 같지 않아도 호환되는 종류가 있다. 예를 들어 205/70 R14 타이어와 205/60 R15 타이어는 같은 체인을 사용한다. 속의 휠 지름(14인치와 15인치)은 다르지만 외형 치수(폭과 타이어 전체 지름)는 거의 같기 때문이다. 이처럼 조합 방식이 다양하므로 자세한 것은 판매하는 직원에게 물어 보아야 한다.

체인을 구입하고 나면 시간 날 때에 한번 장착해 보는 것이 좋다. 그래야 장착 방법도 익힐 수 있고, 타이어에 맞는 치수인지도 확인할 수 있다. 체인은 펼쳐 놓았을 때에 사다리 모양으로 되어 있는 한쪽 가닥이 중간에서 잘려 있는데, 바로 이 부분을 이용해서 차를 들어올리지 않고도 '간편하게' 장착하도록 되어 있다. 그런데, 체인 장착은 사용설명서대로 하는 것보다는, 차라리 잘려진 가운데를 연결해서 완전한 사다리 모양으로 만든 다음 앞에 널어 놓고서 그 위로 차를 몰고 들어가는 방식으로 하는 것이 낫다. 그러면 체인은 저절로 타이어 밑에 들어가고, 위쪽 연결부만 타이어 안팎에서 죄어 주면 양쪽을 10분 안에 충분히 장착할 수 있다. 풀 때에도 위쪽 연결만 풀어 주고 체인을 바닥에 널어 놓은 뒤에 차를 몰아서 빼내면 된다.

체인이 너무 길어서 위쪽을 연결시키고 나머지를 잘 마무리해도 놀고 있는 끄트머리가 2㎝ 이상 너덜거리다면 (특히 와이어 체인) 짧은 치수로 교환해야 한다. 주행중 원심력에 의해 끄트머리가 휠 하우스(wheel house; 바퀴를 싸고 있는 차체의 안쪽)를 사정 없이 두드려 차체가 손상되기 때문이다. 체인에 비해 타이어 폭이 너무 좁아서 체인의 가로줄(접지면을 구성하는 줄)이 타이어 부분을 넘어 휠 부분까지 침범해 들어간다면 역시 알맞은 치수로 바꾸어야 한다. 체인의 금속 부분이 휠과 닿으면 휠캡 또는 합금 휠 표면의 보호 페인트가 벗겨져 미관상 좋지 않다. 체인을 팽팽하게 당겨 주는 스프링을 체인 중심에 걸게 되어 있으면, 그 스프링은 휠 위로 올라와도 무방하다.

미끄러운 길에서 타이어 접지면에 뿌리면 몇 시간 동안 접지력을 향상시켜 준다는 스프레이 제품들도 있다. 처음 나돌던 노르웨이산은 만이천 원 정도였고, 요즘에는 국산도 나오는데 가격이 절반 수준이다. 이 제품의 주성분은 천연 수지다. 서너 달 지나면 자연적으로 분해되므로 사용 뒤에 타이어나 휠 하우스에 묻은 성분을 애써 깨끗이 닦아 줄 필요는 없다.

그러나 내가 경험한 바로 '스프레이 체인'이라는 이름으로 팔리는 이런 제품들은 효과가 거의 없다. 위급한 상황에서 두 번 사용해 봤는데, 두 번 다 결국에는 와이어 체인을 감고 빠져 나갈 수밖에 없었다.

경험에 의하면 '스프레이 체인'이라는 이름으로 팔리는 제품들은 효과가 없다.

7 구입할 차의 선택

차의 수명은 몇 년일까? '자동차 십 년 타기 운동'을 하는 이들도 있지만, 10년은 무리다. 새로 나온 차를 폼 나게 타고 나서 중고차 값으로 꽤 받을 수 있는 한도는 3년이다. 새 차라고 말하기는 뭣하지만 비교적 깨끗한 상태를 유지한 채 카센터 신세도 가끔씩 지는 기간은 한 5년까지다. 그 뒤 10년까지는 차에 웬만큼 애정이 있지 않으면 유지하기 어렵다. 그러려면 돌발 사태로 노상에서 심각한 고장이 나서 꼼짝 못 하는 일이 벌어져도 너그럽게 봐 줄 만큼 차를 사랑해야 한다.

01 차량 선택의 요령
승용차는 6년마다 완전히 새로운 차종이 개발된다

차가 10년을 넘으면 우리 나라에서는 가히 '클래식 카' 반열에 오른다. 10년을 넘기고도 성한 상태로 운행되는 차는 주인이 극진히 아껴 온 차다. 그런 차는 가끔씩 필요할 때만 운행하고, 주차도 반드시 차고에 할 것이다. 그러나 대부분의 차는 그렇지 못해서, 10년이 지나면 굴러다니는 고철 덩어리 비슷하게 된다. 접촉 사고가 나도 헤드 램프나 테일 램프 부품을 구하지 못해 깨진 채로 다닐 수밖에 없다. 부품을 구입하려면 정식 부품가게보다 아예 폐차장을 뒤져 중고 부품을 찾는 것이 성공률이 더 높다.

갓 면허를 딴 초보 운전자는 접촉 사고의 위험이 높아서 중고차를 사서 편하게 운전해야 한다고 말하는 사람도 있다. 하지만 차가 3년을 넘으면 서서히 고장이 나기 시작해 카센터에 가끔 가야 한다. 접촉 사고 걱정 없이 편하게 탈 만한 낡은 차라면 카센터에 더 자주 들러야 한다. 자동차에 대한 지식이 거의 없는 초보 운전자가 중고차를 쓰면 카센터에 가서 바가지 쓰기 딱 좋다. 경험 있는 운전자라면 어디는 당장 고쳐야 하지만 어떤 부분은 중고차니까 그냥 고치지 말고 타자는 식으로 판단할 수 있다. 하지만 초보 운전자는 카센터에서 권유하는 대로 이것 교환하고 저것 교환하고 하다 보면 싼 맛에 끌려 산 중고차의 매력이 사라지고 만다. 그리고, 중고차를 몰면서 안전 운전에 신경 쓰지 않고 좌충우돌하는 운전 습관을 기르면 나중에 새 차를 사도 별로 달라지지 않는다.

승용차는 6년마다 완전히 새로운 차종이 개발된다. 이것을 풀 모델 체인지(full model change), 또는 메이저 리디자인(major redesign)이라고 한다.

신차종이 시판된 지 4년이 지나면 마이너 체인지(minor change) 모델이 나온다. 4년이나 지난 구식 차

6년마다 완전히 새로운 차종이 개발되는 것을 풀 모델 체인지, 또는 메이저 리디자인이라고 한다. 신차종이 시판된 지 4년이 지나면 마이너 체인지 모델이 나온다.

구입할 차의 선택

량이라는 인식을 얼마쯤 씻고, 그 무렵 상대 메이커에서 나오는 풀 모델 체인지 차종에 밀리지 않기 위해 개발하는 것이다. 소나타3, 누비라2, 카스타 같은 것이 여기에 해당된다. 전작이 대히트를 하면 마이너 체인지가 5년 뒤로 연기되거나 뉴그랜저처럼 아예 없어지기도 하고, 전작이 신통치 않으면 누비라2처럼 2년 만에 마이너 체인지 모델이 나오기도 한다.

마이너 체인지는 변화하는 국제 디자인 흐름을 좇아가기 위한 것도 있다. 예를 들어 아반떼와 티뷰론이 처음 시판되었을 때에 세계 디자인의 주류는 올 라운드 스타일이었다. 누구 말대로 티뷰론 오리지널 모델에는 라디오 안테나말고는 직선이 없다. 4년이 지나자 '올 라운드(all-round)' 스타일은 퇴조하고 '뉴 에지(new edge)' 스타일이 떠올랐다. 이 디자인은 곡면에 직선 돌기를 첨가하는 방식이다. 그랜저 XG가 전형적인 뉴 에지 스타일이다. 올 뉴 아반떼와 티뷰론 터뷸런스는 올 라운드 스타일 시대에 태어난 두 차종에 뉴 에지 스타일 시대에 뒤쳐지지 않는 디자인을 덧씌운 모델이다.

마이너 체인지는 개발에 많은 비용을 들여서는 안 되므로 자동차의 기본 골격은 내버려 두고 쉽게 바꿀 수 있는 엔진후드, 헤드램프, 범퍼 등 주행중 힘을 받지 않는 부품만

바꾼다. 요컨대 문짝은 예전과 같은 것을 쓴다. 소나타2의 마이너 체인지 모델은 소나타3도 되지만 마르샤도 된다. 뉴그랜저를 마이너 체인지하니까 뉴그랜저 후속 차종이 나온 것이 아니라 다이너스티가 나왔다.

흔히 3, 4년이 지나면 하는 마이너 체인지도 주기가 길다. 늘 신형 차가 나오고, 지금 사면 싱싱한 새 디자인의 신형 차를 산다는 느낌을 고객에게 주기 위해 1년마다 '페

이스 리프트(face lift)'를 한다. 페이스 리프트를 할 때에는 예컨대 2000년형 아반떼, 업그레이드 레간자 하는 식으로 이름을 짓고 부분적으로 새롭게 고치는데, 손쉽게 교체할 수 있는 휠, 라디에이터 그릴, 테일 램프가 단골 교체 대상이다. 그 외에 신차 기획 단계에서 개발되었지만 장착이 보류된 신형 옵션과 새로운 엔진도 장착된다. 예를 들면 도난경보기라든지 가죽 시트, DOHC 엔진 같은 것이다. 페이스 리프트 때는 철판 차체 부분에서는 변경이 없다.

새 자동차가 발매되자마자 구입하는 사람은 바보다. 발매되기도 전에 예약까지 해 가며 구입하는 사람도 마찬가지다. 새 차는 발매된 뒤에 지속적으로 개선 과정을 거친다. 이런 소소한 개선은 대중 매체에 공표하지 않고 AS센터를 통해 입수된 고장 통계를 바탕으로 내구성이 부족한 부품을 대상으로 이루어질 때가 많다. 예를 들어, 초창기에 출고된 카니발은 뒷유리와 차체의 간격이 맞지 않는 제품이 상당수 있었고, 팬벨트 풀리 설계가 잘못돼 팬벨트가 빨리 끊어지는 문제가 있었다. 물론 지속적인 개선을 거쳐 지금은 다 해결되었다.

티뷰론도 초창기 출고분은 문을 열어도 커티시 램프(courtesy lamp; 문을 열면 자동으로 점등되어 발 밑을 비춰 주는 램프)가 들어오지 않고 그 자리에 적색 투명 플라스틱만 붙어 있었다. 고객의 불평이 끊이지 않자 몇 개월 뒤부터 제조 회사는 커티시 램프를 장착해서 출고했다.

이런 사정이 있으므로 새 차가 발매된 뒤 최소한 6개월은 기다리는 것이 좋다. 6개월이면 최초 조립 과정에서 발견된 고질적인 불량이 파악되고, 부품 개선 작업이 끝난 뒤에 개선된 부품이 차량 조립에 투입될 시간 여유가 있다. 더 확실히 하려면 사실 1년쯤 기다리는 것이 좋다. 새 차는 시판 전에 여러 대의 파일럿 카를 만들어서 각종 내구 테스트를 거치지만(이 과정에서 망원렌즈 카메라에 찍혀 자동차 잡지에 새 차 특종 사진이 실리기도 한다) 파일럿 카를 만들 때에 사용하는 부품은 소량만 정성스레 제작된 것이고, 양산 차에 들어가는 부품은 공장 근로자들이 퍽퍽 찍어 내는 부품이다. 둘의 치수 오차나 표면처리가 같을 수 없다. 그래서 파일럿 카에서 전혀 예측하지 못한 문제가 양산 차에서 드러나는 경우가 많다.

반대로 차량이 단종될 무렵에 구입하는 것도 좋지 않다. 차량의 생산 종료 뒤에 5년 동안 해당 차종의 부품을 의무적으로 생산해야 하지만, 제조 회사가 제대로 지키지 않는다. 그 뜻은 단종 뒤에 일찌감치 구입이 곤란한 부품이 생긴다는 것이다. 엄청나게 팔린 베스트 셀러 차종이라면 이런 문제가 적지만, 조금 팔리다 판매 부진으로 결국 단종된 비운의 차종이라면 문제는 더욱 심각하다. 요즘은 신차 개발 소식이 여러 뉴스 채널을 통해 흘러나오므로 신차 발매 시기가 거의 확정될 단계라면 구모델은 구입하지 않는 것이 좋다.

신형보다 나은 구형도 있지만, 다른 사람들이 "저 차는 이제 구식이야"라는 인식을 가지는 것은 어떻게 할 수 없다. 특히 운전자가 차의 사회적 기능(이른바 폼 나는 차)을 중요시하는 편이라면 신형 차를 타는 것은 매우 유리하다. 그리고 단종된 차는 중고차로 팔 때에 받을 수 있는 가격도 낮다.

차량 구입 시기에 대해서는 이 정도만 알고 있으면 충분하다. 어차피 필요하면 사야 하는 것이 차니까. 차도 개인용 컴퓨터와 같아서 새 기종이 나오기를 기다리느라 구입을 보류하고 있으면 자꾸 새 기종이 나오므로 계속 기다리게만 된다. 용단을 내려서 구입한 뒤, 새 기종이 나올 때까지 본전을 뽑을 만큼 사용하면 된다.

02 | 선택할 때에 고려해야 할 사항
차종의 우열을 평가해서 가중치에 따라 선택한다

차종

차를 살 때에는 몇 가지 조건을 고려해야 하지만, 어느 조건 하나도 결정적인 것은 없다. 여러 가지 면에서 후보 차종의 우열을 평가해서 가중치에 따라 선정하면 된다. 어디에 가중치를 두느냐 하는 것은 사람마다 다르다. 주위의 눈길도 있고 거래선의 수준을 고려해서 "적어도 체어맨은 돼야지"라고 생각하는 사람이 있고, 엔진 성능을 따져서 "티뷰론 터뷸런스가 아니면 안 돼"라고 못박는 사람이 있다. 저렴한 유지비 때문에 승합차인 7인승 카렌스를 구입하는 사람도 있다.

차의 사회적 기능은 어느 나라에서나 무시할 수 없다. 다이너스티에서 내리는 노신사는 별로 이상해 보이지 않지만, 머리가 희끗희끗한 아저씨가 액센트에서 내리면 흔히 그 사람이 좀 가난하거나 아들 차를 타고 나왔을 것이라고 생각한다. 그 중 99%는 전자를 머리에 떠올릴 것이다. 아무리 본인이 '소형차가 경제적인데 왜 다이너스티를 타?'라고 생각해도, 남의 시선에 거듭 치이고 호텔 주차장 같은 곳에서 "아저씨, 차 저리로 빼요!"라는 직원의 말을 몇 번 듣고 나면 웬만한 초인이 아닌 다음에야 다음 차는 반드시 대형차로 뽑겠다고 다짐하게 된다.

우리 나라에서 검정색 대형차는 수위나 경비인에게서 대접받을 수 있는 암행어사 마패와 같다. 소형차를 타고 가면 신분증 보자, 어디 찾아왔느냐 꼬치꼬치 캐묻는 반면, 짙게 윈도 틴팅된 검정색 대형차는 그냥 보내기 일쑤다.

1) 차 크기

대형차는 실내 공간이 넓어서 다섯 명이 타더라도 몸을 놀리며 갈 수 있다. 소형차는 그것이 어렵고, 다섯 명이 탈

차를 살 때에는 몇 가지 조건을 고려해야 하지만, 어느 조건 하나도 결정적인 것은 없다.

수는 있지만 몸을 움직이기가 퍽 힘들다. 꽉 찬 소형차로 장거리를 가다보면 승차한 사람들의 사이가 웬만큼 좋지 않은 한 금세 분위기가 냉랭해진다.

대형차는 관성 모멘트가 크고 차가 무거워서 직진 안정성이 좋다. 고속도로에서 스티어링 휠에 별다른 신경을 쓰지 않아도 차가 잘 나간다. 장거리를 뛰다 보면 대형차를 운전할 때와 소형차를 운전할 때의 피로도 차이가 크다. 소형차는 차가 가벼워서 운전할 때에 운전자와 차가 한몸이 된다는 느낌이 강하게 든다. 꺾으면 꺾는 대로 반응이 팍팍 오고, 밟으면 밟는 대로 튀어나간다. 물론 최고 속도와 고속도로 코너링 같은 것은 대형차에 밀리지만, 소형차는 그 나름으로 경쾌한 느낌이 있다.

대형차에는 크고 무거운 차체를 끌고 나가기 위해 기본적으로 큰 엔진이 장착되어 있다. 기본 차체가 무겁기 때문에 혼자 타고 다니나 네 명이 타나 전체 무게의 변화는 크지 않다. 네 명이 타도 차가 힘겨워하지 않고 혼자 탈 때와 비슷한 성능으로 나간다. 소형차는 승차 인원과 적재량의 변화에 따른 영향이 크다. 대형차인데도 2.0 *l* 중형 엔진을 사용한 차는 혼자 탈 때는 모르지만 네 명이 타면 소형차처럼 굼떠지는 현상이 따른다.

대형차는 주차가 힘들다. 특히 요즘의 대형차는 나날이 길어지고 있다. 유지비만 생각하고 카니발 같은 중형 미니밴을 샀다가 주차에 애를 먹는 경우가 있다. 카니발은 9인승 스타렉스보다도 넓고 길다. 겉으로는 카니발이 작아 보이지만, 그것은 높이에 의한 착시 효과 때문이다.

2) 형태

승용차로는 문이 네 개 달린 세단이 일반적이지만 일부 모델에서 2도어 해치백(hatchback ; 트렁크의 문이 위로 열리는 자동차의 뒷부분)이나 4도어 해치백, 왜건 등의 변형이 출시되고 있다. 세단의 장점은 돋보이지 않는다는 것이다. 튀는 것을 좋아하는 사람도 있지만 평범하게 살고 싶어하는 사람이 더 많다. 겉은 평범해 보이지만 비범한 성능을 원하는 사람도 더러 있어서, 외제 차 중에는 문이 네 개 달려 있되 높은 성능을 지닌 세단도 나온다.

2도어 해치백은 차 값이 조금 싸다. 그러나 우리 나라에서는 2도어 해치백이 염가형 차량이라는 인식이 없어서 2도어 해치백은 고급 사양만 나오고, 같은 차종 중에서 고가에 속한다. 우리 나라에서는 2도어 해치백을 3도어라고 부르기도 하는데, 실상 해치를 통해 승하차하는 사람은 없으므로 도어는 두 개뿐이다.

2도어의 장점은 모양새가 근사하다는 것이다. 4도어가 아저씨, 아주머니들의 차라면 2도어는 젊은이의 차처럼 보인다(미국에서는 할아버지들이 점잖은 2도어를 몰고 다니는 경우도 종종 있다). 그 밖에는 내세울 만한 장점이 없다. 뒷좌석 승객은 반드시 조수석 승객이 먼저 내린 뒤에 조수석 시트를 젖히고서야 탈 수 있다. 그래서 조수석 승객은 여간 번거로운 게 아니다. 또 문이 길어서 차 사이가 좁은 주차장에서 내리고 탈 때에 문을 넉넉하게 열기 힘들다. 문을 여닫을 때 무거운 것은 물론이다.

4도어 해치백은 문 네 개의 장점과 해치백의 장점을 조합한 것이다. 해치백의 장점은 정상적인 문을 통해 넣을 수 없는 큰 짐도 해치를 열고 넣을 수 있다는 것이다. 이를테면, 박스에 든 대형 텔레비전도 운반할 수 있다. 그래서 해치백은 뒷시트 등받이를 앞으로 접어서 트렁크 공간을 넓힐 수 있는 기능을 기본으로 제공한다. 대신 해치백은 주행중 트렁크를 통해서 바퀴 구르는 소음이 들리는 것을 감수해야 한다. 같은 차종에서 비교할 때에 해치백은 세단형에 비해 트렁크 길이가 짧게 나온다. 따라서 뒷시트를 접지 않을 경우의 적재량은 오히려 적다.

요즘은 소형 승합차도 인기가 있다. 싼타모에서 시작된 소형 승합차 바람은 카니발로 절정에 달했다. 소형 승합차

소형 승합차는 세제상의 혜택과 LPG 연료의 채택으로 경제적이다. 또 많은 사람을 태울 수 있고, 큰 짐을 실을 수도 있다.

를 사는 사람들은 일곱 명이나 아홉 명을 태울 일이 잦아서라기보다는, 승합차에 부여되는 세제상의 혜택과 LPG 연료 사용을 염두에 두는 경우가 많다. 승합차의 장점은 많은 사람을 태우거나 대형 짐을 실을 수 있다는 것이다. 그런데 카렌스나 레조 7인승을 보면, 과연 일곱 명을 제대로 태울 수 있을까 하는 의문이 생긴다. 세제상의 혜택을 보기 위해 무리하게 7인승으로 짜 맞췄다는 인상을 받게 된다. 본디 승합차의 단점은 무겁고 크기 때문에 시내를 주행할 때 조금 불편하다는 것인데, 7인승 소형 승합차는 승용차와 별로 다르지 않은 감각으로 운전할 수 있다.

소형 승합차를 모는 사람이 겪는 특이한 불이익이 있다. 승차 인원이 많다 보니, 회사 출장이나 가족 회식을 갈 때에 단골로 운전하기 일쑤여서 피곤할 수밖에 없게 된다는 것이다. 여러 사람이 타다 보니, 차 실내가 쉽게 더러워지고 여기저기 쓰레기까지 쌓이곤 한다. 이런 까닭인지 카니발을 사되 앞시트 두 개 빼고는 다 떼어 내겠다고 하는 사람도 있다.

갤로퍼나 무쏘, 스포티지 등의 4륜구동 차는 예전에는 디젤엔진의 경제성에 힘입어 많이 팔렸는데, 요즘은 세금도 무겁게 바뀌고 LPG 연료를 사용하는 승합차들 때문에 값싼 연료비라는 장점도 희석되어 판매량이 예전만 못하다. 요즘은 아예 7인승으로 만들어 승합차로 둔갑시킨 모델이 그나마 팔리고 있다.

4륜구동 차도 험지 돌파를 목적으로 하는 모델(갤로퍼, 코란도)도 있고, 스키장이나 바닷가에 갈 정도로 사용하는 레저용 모델(무쏘, 스포티지, 싼타페)도 있다. 둘의 목적과 승차감은 상당히 차이가 있다. 그래서 레저용 모델로 산골짝을 돌파하겠다고 들어가면 낭패를 당하는 경우가 많다. 특히 스포티지는 험지 돌파에 무력하다. 하지만 레저용 모델들은 승용차 못지않은 디자인과 편안한 승차감, 적당한 비포장 주행 능력을 갖추고 있다.

엔진

우리 나라에서는 엔진을 고르면 차 등급이 저절로 정해진다. 1.5 *l* 엔진은 소형차, 3.0 *l* 엔진은 대형차에만 쓰인다. 중형차에 3.0 *l* 엔진이 들어가는 고성능 차는 우리 나라에 없다. 그래도 같은 차종에서 몇 가지 엔진을 고를 수는 있다. 배기량 차이도 있고, SOHC와 DOHC 사이에서 선택해야 하는 경우도 있다.

엔진을 보고 차를 구입하는 경우도 있다. 경제성이 좋은 LPG엔진이 장착될 수 있는 차는 승합차와 화물차뿐이므로, 승용차를 구입하고 싶어도 연료비 때문에 승합차를 고르게 되는 사람도 있다.

1) 가솔린과 디젤, LPG

아직 승용차 엔진으로 큰 비중을 차지하고 있는 것이 가솔린엔진이다. 디젤엔진 승용차는 예전의 레코드 로얄 디젤(콜택시로 많이 쓰였다)과 콩코드 디젤뿐이었다. 가솔린엔진은 값싼 연료인 가솔린(가솔린의 원가는 디젤과 비슷하다)을 쓰고 고속 회전을 할 수 있으므로 큰 마력을 뽑아낼 수 있다. 또 디젤엔진에 비해 작동 압력이 낮아서 진동이 작다는 것도 승용차용으로 적합한 특성의 하나이다.

가솔린엔진의 개발 수준은 대단해서 현재 터보차저(turbo-charger; 가스터빈 구동식 과급기. 배기가스의 열에너지를 운동에너지로 바꿔 엔진의 출력을 높이는 장치)를 사용하지 않고도 배기량 1 *l* 당 100마력을 내는 차종이 여럿 있을 정도다. 그런데 우리 나라에서는 세금 구조상 가솔린 가격이 엄청나게 비싸서(같은 양의 콜라보다 비싸다) 가솔린엔진의 인기가 주춤하고 있다.

디젤엔진은 초저회전에 견디는 능력이 뛰어나다. 짐을 싣고 언덕길에서 출발하는 트럭이 만일 가솔린엔진을 사용한다면 시동이 꺼지겠지만, 디젤엔진은 느릿느릿하게라도 출발할 수 있다. 이런 특성 때문에 대형 트럭은 디젤엔진을 사용한다. 미국의 경우 승차감이 고려되는 소형 트럭 중에는 가솔린엔진 트럭도 있다. 우리 나라에는 대신 LPG 트럭이 있다. 그리고 가솔린엔진은 노킹의 우려 때문에 1기통당 배기량이 제한되므로(기통당 750cc 정도), 대형 트럭에 사용할 정도로 큰 배기량의 엔진을 만들려면 16기통은 되어야 한다. 반면 디젤엔진은 그 특성상 1기통당 배기량의 제한이 없어서, 배기량 12 *l* 짜리 엔진도 6기통으로 간단하게 처리할 수 있다.

디젤엔진은 터보차저를 부가하여 엔진에 별 무리를 주지 않으며 출력을 증강시킬 수 있다. 터보차저의 사용은 터무니없이 큰 덩치의 엔진을 사용하지 않고서도 충분한 출력을 얻을 수 있다는 면에서 디젤엔진에 매우 유리하다. 가솔린엔진도 터보차저를 사용할 수 있지만, 노킹 발생의 우려 때문에 터보차저로 얻을 수 있는 출력 상승이 제한되고 디젤엔진만큼의 이점도 없다.

디젤엔진은 열효율이 가솔린엔진보다 높다(디젤 약 28%, 가솔린 약 22%). 같은 조건에서 연료 소모율이 적기 때문에 연료 가격은 비슷하지만(국제 시세의 경우), 디젤엔진이 조금 더 경제적이다. 우리 나라에서는 연료 가격의 차가 엄청나므로 가솔린엔진이 디젤엔진의 경제성을 넘볼 수 없지만, 그것은 기형적인 세금 구조 탓이지 가솔린엔진이 열등하기 때문은 아니다.

디젤엔진의 단점은 작동 압력이 높기 때문에 엔진을 튼튼하게 만들어야 한다는 것이다. 디젤엔진은 같은 마력 수를 내는 가솔린엔진보다 무겁고 크며, 엔진 값도 비싸다. 스타일 때문에 엔진룸이 비좁을 수밖에 없는 승용차에 디젤엔진을 사용하기는 어렵다. 더군다나 높은 작동 압력 때문에 디젤엔진은 시끄럽고 진동이 크다.

rpm을 높게 내지 못한다는 것도 디젤엔진의 단점이다. 연소실에서 연료가 연소되는 속도가 느려서 rpm이 높으면 엔진 사이클의 박자가 맞지 않고 출력이 감소한다. 같은 배기량에서 디젤엔진의 마력 수가 가솔린엔진보다 떨어지는 까닭도 최고 rpm이 낮기 때문이다.

LPG엔진은 가솔린엔진을 기본으로 하고 연료를 기체 LPG로 바꾼 것이다. 가솔린도 연소될 때에는 기화된 상태로 연소하므로 액체 가솔린을 공급하는 장치를 기체 LPG를 공급하는 장치로 바꾸기만 하는 것으로 기본적인 변경은 끝난다. LPG엔진은 공기와 함께 기체 LPG를 흡입하기 때문에 실제 공기의 흡입량이 줄어서, 100% 공기와 소량의 액체 가솔린을 흡입한 뒤 나중에 기화시키는 가솔린엔진에 비해, 같은 배기량에서 15% 정도 출력이 적다. LPG엔진의 단점은 낮은 연비와 시동성이다. 연비가 낮은 것은 같은 부피의 가솔린에 비해 LPG의 열량이 작기 때문이다. 따라서 LPG 차량은 연료 보급 없이 오래 달릴 수 없다. 이것 때문에 예전에는 시내에서만 돌아다니는 택시에 LPG를 사용했는데, 요즘은 대형 연료탱크를 사용해서 이 문제를 조금 해결했다.

LPG가 시동성, 특히 겨울철 시동성이 나쁜 까닭은 LPG엔진의 기술이 덜 발달되었기 때문이다. 가솔린엔진이 15년 전에 겪은 골칫거리를 LPG는 아직까지 해결하지 못했다. 수동식 초크밸브를 자동식으로 바꾸고, 연료 공급 계통에 전자제어를 첨가하면서 소형 승합차에 들어가는 LPG엔진들은 예전의 택시용 LPG엔진에 비해서 시동성이 한결 좋아지긴 했다. 그래도 추운 겨울에 단 한 번에 시동을 걸기는 어렵다. LPG엔진이 전세계로 보급되어 기술발전과 함께 국내 메이커들이 수출을 목표로 열심히 신제품을 개발한다면 출력이나 시동성 문제쯤은 오래지 않아 해결될 것이다. 앞서 말한 대로 LPG를 쓰는 나라에서는 얼마 전에 일반 자동차용으로 LPG엔진이 보급되어서 자동 초크밸브 따위가 나온 것이다. 그나마 예전에 택시만

구입할 차의 선택

LPG를 사용할 때보다는 많이 나아진 셈이다.

LPG의 또 다른 문제는 가스충전소가 많지 않다는 것이다. 예전에 LPG를 사용하는 차가 많지 않았기 때문이다. 그러나 지금은 LPG를 사용하는 차가 크게 늘어났는데도 충전소는 별로 늘어나지 않아서 불균형 상태가 이어지고 있다. 수요층을 늘려 가는 LPG의 경제성이 장기적으로 불투명해졌기 때문이다. LPG 차는 늘어났지만 충전소 수는 거의 제자리걸음이어서, LPG를 보충하려면 충전소에서 오래 기다려야 한다. 특히 고속도로 휴게소에 딸린 충전소에서는 심한 경우 30분 넘게 걸리기도 한다.

2) SOHC와 DOHC

SOHC(Single OverHead Camshaft)엔진은 예전부터 사용해 오던 OHC(OverHead Camshaft)엔진에 신개발품인 DOHC엔진과 구별하기 위해 'Single'을 덧붙인 명칭이다. DOHC(Double OverHead Camshaft)엔진은 출력 향상을 위해 흡배기 밸브를 더 많이 장착한 엔진이다. DOHC엔진은 트윈캠(twincam) 또는 쿼드캠(quadcam; V형 엔진의 경우)이라고 부르기도 한다. 에스페로에는 'Twincam', 카니발에는 'Quadcam'이라는 엠블럼이 붙어 있다.

DOHC엔진의 장점은 높은 rpm에서도 출력이 잘 나온다는 것이다. SOHC엔진이 제대로 박자를 맞출 수 없는 고회전(5,000rpm 이상)에서도 DOHC엔진은 출력을 잘 뽑아 낸다. 초기의 DOHC엔진은 이 특징을 최대한 살리기 위해 더욱 고회전 지향의 설정을 해서 저회전 출력은 오히려 SOHC보다 못한 경우도 있었다. 그러나 이런 고회전 지향 설정은 스포츠카에나 어울리는 것이어서, 일반 승용차용 엔진은 중간 회전수에도 출력을 안배하는 환경으로 이내 바뀌었다.

같은 배기량이라면 DOHC엔진이 SOHC엔진보다 우

수하다. 초기에는 밸브 작동 기구가 복잡해서 DOHC엔진이 더 시끄럽다는 평가가 있었는데, 차츰 개선되어서 이제 DOHC엔진의 소음이 SOHC엔진의 소음보다 크지 않다. DOHC엔진은 같은 배기량이라고 해도 고회전까지 파워가 지속되므로 특히 급가속하거나 추월할 때에 유리하다. DOHC엔진의 진가를 끌어 내리려면 4,000rpm 이상의 고회전을 두려워하면 안 된다. 고회전을 즐겨 쓰지 않던 사람이라면 엔진 소리에 겁도 나겠지만, 엔진이 부서지거나 손상을 입는 것은 아니다. 소음만 감수한다면 DOHC엔진은 짧은 시간에 추월을 가능하게 해 주고(특히 황색 점선의 중앙선을 넘어 추월할 때는 중요하다), 고속 주행 중 속력을 더 붙여 추월하는 것도 수월하게 해 준다.

DOHC엔진은 뭔가 특별하다는 느낌을 가지는 사람도 있다. 그래서 "DOHC엔진에는 비싼 고급 엔진오일을 사용해야 한다"라는 카센터의 상술에 넘어가기도 한다. 그러나 DOHC엔진은 SOHC엔진에 몇 개의 부품을 더한 것일 뿐이다. 두 가지는 기본 원리도 같고 작동 특성도 같다. 최고 회전수가 약간 올라가긴 하지만, 그 정도 가지고 고급 엔진오일을 필요로 하는 것은 아니다.

같은 배기량이라면 DOHC가 SOHC보다 뛰어나지만, 1.5 *l* 나 1.8 *l* DOHC엔진과 2.0 *l* SOHC엔진을 비교하면 어떻게 될까? 예를 들어 비교하면 다음과 같다.

DOHC엔진은 SOHC엔진에 몇 개의 부품을 더한 것에 불과하다. 기본 원리도 같고 작동 특성도 같다.

차종		1.8 *l* DOHC	2.0 *l* SOHC
누비라2	최대 출력	107 / 6,000*	108 / 5,800
	최대 토크	14.0 / 4,200*	16.9 / 2,800
레간자	최대 출력	131 / 5,600	110 / 5,000
	최대 토크	17.1 / 4,600	17.2 / 3,000
크레도스	최대 출력	130 / 6,000	110 / 5,200
	최대 토크	17.0 / 4,000	17.4 / 2,500

최대 출력(마력 / 측정 rpm), 최대 토크 (kgm / 측정 rpm)
* 누비라2는 1.8 DOHC가 단종되었으므로 1.5 DOHC엔진으로 비교함.

구입할 차의 선택

마력 수로는 저배기량 DOHC엔진이 대배기량 SOHC 엔진에 필적하거나 오히려 앞서고 있다. 그러나 최대 토크를 보면 사정은 많이 다르다. 토크(torque)는 엔진의 구동력이다. 토크가 큰 엔진은 가속할 때에 액셀러레이터 페달이 팽팽하게 느껴진다. 곧 밟는 만큼 쑥쑥 속력이 붙는다. 반면 토크가 작은 엔진은 액셀러레이터 페달을 밟아도 고무줄로 당기는 듯 속력이 더디게 올라간다. 물탱크로 비유하자면, 대배기량 SOHC엔진은 최대 저장량은 적지만(마력 수와 비교) 수도꼭지가 커서 틀면 트는 대로 물이 시원하게 콸콸 나온다. 소배기량 DOHC엔진은 최대 저장량은 크지만 수도꼭지가 작아서 정작 필요할 때에 곧바로 물을 뽑아 쓰기가 힘들다.

토크가 큰 엔진은 오르막에서도 액셀러레이터 페달을 밟은 발에 힘만 조금 더 주면 속력이 올라가는 것이 느껴진다. 토크가 작은 엔진은 아랫단으로 변속해 줘야 비슷한 가속감을 느낄 수 있는데, 변속 조작에 따라 운전 피로가 가중되거나(수동변속기) 승차감을 해친다(자동변속기). 토크는 배기량에서 나오는 것으로서, DOHC를 써도 극복할 수 없다.

수치상으로 보면 1.8 DOHC 엔진의 최대 토크는 2.0 SOHC 엔진과 거의 맞먹지만, 최대 토크가 발생하는 rpm을 주의 깊게 봐야 한다. DOHC 엔진은 4,000rpm 이상인 반면 SOHC 엔진은 3,000rpm 이하에서 최대 토크가 발생하고 있다. 3,000rpm이하에서 1.8 DOHC 엔진의 토크는 2.0 SOHC에 비해 뒤지는 것이다.

대부분의 운전자는 평상 주행시 2,200~3,000rpm을 사용한다. 이보다 높은 rpm으로 주행하는 사람은 썩 드물다. 높은 rpm으로 주행하면 엔진 소음도 시끄럽고, 액셀러레이터 페달에서 발을 떼면 엔진브레이크가 걸리는 느낌이 들어 액셀러레이터 조작에 신경을 써야 한다. 3,000rpm 이하에서도 넉넉한 토크가 얻어지는 엔진은 평상 주행시 변속 없이 얻을 수 있는 순간 토크가 크다. 추월할 때에도 액셀러레이터만 밟아 주는 것으로 속력이 쑥 올라간다. 반면 3,000rpm 이하에서 토크가 약한 엔진은 추월을 하기 위해서는 번번이 변속을 해 주어야 한다.

1.8 DOHC가 2.0 SOHC를 대체할 수는 없다. 아무리 DOHC라고 해도 배기량의 장벽을 넘을 수는 없다. 대배기량 엔진이 제공하는 넉넉한 잠재 토크는 크고 무거운 차라도 가볍게 가속시킬 수 있는 마력을 준다.

수동변속기와 자동변속기

자동변속기는 편리한 장치임에 틀림없지만 단점도 있다. 구입시 차종에 따라 최고 이백만 원쯤은 더 지출해야 하고 연비와 성능이 수동변속기보다 떨어진다. 하지만 무시 못할 장점이 있기 때문에 자동변속기 장착 차량의 비율은 나날이 늘어나고 있다.

자동변속기의 장점은 막히는 길에서 드러난다. 수동변속기로 잦은 변속을 하다 보면 클러치를 조작하는 왼발이 피곤해진다. 택시에 점차 자동변속기 차량이 늘어나는 것은 이 때문이다.

자동변속기의 다른 장점은 운전자가 스티어링 휠에만 집중할 수 있다는 것이다. 운전중 한 손을 변속레버 위에 놓고 운전하는 습관은 긴급 상황이 발생했을 때에 스티어링 휠 조작을 민첩하게 하는 데 방해가 된다. 자동변속기를 쓰면 두 손을 다 스티어링 휠 위에 놓고 운전하게 되므로 안전성이 높다.

나는 자동변속기 차를 운전할 때에 왼발로 브레이크를 밟고 오른발로 액셀러레이터 페달을 밟는다. 대부분의 운전자는 왼발은 쉬고 오른발을 움직여 가며 브레이크와 액셀러레이터 페달을 밟는다. 각 발로 브레이크와 액셀러레이터를 전담해서 밟는 '양발 운전'은 제동 거리를 조금 줄여 준다. 이렇게 운전하면 오른발에 집중되는 피로도 양발로 분산시킬 수 있다. 급제동시 놀라서 브레이크 대신 오른발의 액셀러레이터 페달을 밟으면 어떻게 하나 하고 걱정하는 사람도 있는데, 일 주일쯤 천천히 다니며 연습하면 금방 적응해서 실수하는 일은 좀처럼 없다. 자동변속기 차만 몰고 다닐 운전자라면 이런 방법을 권하고 싶다.

자동변속기의 단점은 옵션 가격과 연비다. 예전에는 자동변속기의 수리비도 문제였다. 자동변속기가 고장나면 수리비가 백만 원 이상 들었는데, 요즘에는 자동변속기 전문점이 많이 생겨서 가격의 거품도 빠지고 수리 실력도 좋아졌다. 오십만 원쯤 들이면 새 것과 다름없는 상태로 고칠 수 있다. 연비는 어쩔 수 없다. 록업 클러치가 장착된 자동변속기가 기본으로 되면서 수동변속기에 근접한 연비를 낼 수 있게 되었다고는 하나, 그래도 20% 정도 떨어진다. 고속도로 연비는 수동변속기와 거의 차이가 없지만, 시내 연비는 차이가 크고 성능도 떨어진다. 가속 성능은 확실히 떨어진다. 최고 속도는 오히려 자동변속기 차가 높은 경우가 더러 있는데, 이것은 그 차종에서 자동변속기의 기어 비율이 최고 속도를 내는 데 유리하게 설정되었기 때문이다.

자동변속기의 장점으로 무시할 수 없는 것이 오르막 등판 능력이다. 자동변속기 차는 시동이 꺼지는 일 없이 가파른 오르막에서 발진할 수 있다. 변속기의 토크 컨버터가 엔진 시동을 꺼뜨리지 않으면서 회전력을 전달하기 때문에 수동변속기보다 실용 등판 능력이 좋은 것이다.

길이 막히는 도심지로 다닐 일이 많다면 자동변속기를 쓰는 것이 아무래도 편하다. 요즘의 도로 정체는 엄청나기 때문에 수동변속기 차는 한 시간이고 두 시간이고 클러치만 밟았다 놨다 하며 굼벵이 주행을 하는 경우도 있다. 그러나 이 모든 것을 다 감수하고서라도 좋은 성능만 원한다면 수동변속기를 선택할 수밖에 없다. 아직 자동변속기로는 수동변속기의 성능을 따라갈 수가 없기 때문이다.

자동변속기라도 국민차와 일부 소형차에 들어가는 3단 자동변속기는 좀 생각해 봐야 한다. 변속 단수가 3단까지밖에 없어서, 4단 자동변속기(요즘의 주류)라면 4단에 물려 들어가야 할 속력에서도 계속 3단으로 주행한다. 이런 차로 100㎞/h를 내면 rpm이 3,400 이상으로 치솟는다. 그런 높은 rpm에서는 연료 소비도 비효율적이고, 소음도 엄청나다. 3단 자동변속기는 최고 실용 속도가 80㎞/h라고 보면 된다. 결론적으로 자동변속기 광이 아니라면 3단 자동변속기는 아예 선택하지 않는 것이 좋다.

자동변속기도 아니고 수동변속기도 아닌 것으로 세미오토매틱(semi-automatic) 변속기가 있다. 이것은 수동변속기의 클러치 조작 부분을 모터로 바꾼 것이다. 발진과 변속 때마다 클러치를 밟아 줄 필요가 없어 왼발이 덜 피로하다. 값도 자동변속기보다 싸다. 대신 문제가 있다. 클러치 조작이 사람이 하는 것만큼 완벽하지 않다는 것이다.

특히 오르막에서 출발할 때에 컴퓨터가 클러치를 천천히 연결해 주기 때문에(부드러운 출발을 유도하도록 프로그램되어 있어서), 초보 운전자가 그러는 것처럼 상당한 거리를 뒤로 밀린 다음에야 차가 앞으로 나간다. 그러므로 오르막 언덕에서 주차하느라 앞으로 갔다 뒤로 갔다 할 경우 위험할 수 있다. 자동차 메이커에서 장착해 주는 세미오토매틱은 그나마 조금 낫다. 차를 출고시킨 뒤에 장착하는 '핸드 클러치', '오토매틱 클러치' 같은 애프터마켓 세미오토매틱은 언덕에서 심하게 밀린다. 세미오토매틱은 아직 쓸 만한 수준에 이르지 못한 것으로 보인다.

구동 방식

어떤 바퀴를 구동하느냐에 따라 전륜구동, 후륜구동, 4륜구동이 있다. 구동 방식에 따라 입맛대로 차를 고를 만큼 다양한 차종이 있는 것은 아니지만, 구동 방식별 장단점을 비교해 보는 것은 유익한 일이다.

세미오토매틱 변속기는 수동변속기의 클러치 조작 부분을 모터로 바꾼 것이다.

구입할 차의 선택

전륜구동은 엔진이 앞바퀴를 돌린다. 장점은 많고 단점은 적어서 요즘 나오는 차들은 거의 다 전륜구동이다. 생각 같아서는 앞바퀴는 방향만 틀고 뒷바퀴는 구동만 하는 식으로 역할을 분담하는 것이 가장 합리적일 것 같은데, 실제로는 그렇지 않다.

전륜구동은 엔진이 앞바퀴보다도 앞쪽에 실려 있어서 앞바퀴에 큰 하중이 걸린다. 앞바퀴와 뒷바퀴가 7:3 정도로 하중을 분담한다. 전륜구동 차는 구동 바퀴에 하중을 집중시킬 수 있어서 타이어가 노면을 큰 무게로 찍어 누르며 주행하는 것이 가능하다. 특히 눈길과 빙판길에서 구동력이 뛰어나다. 전륜구동 차의 보급 덕택에 스노 타이어 없이 4계절 타이어만으로 겨울을 날 수 있다.

전륜구동 차는 기계장치가 엔진룸에 집중되어 있다. 그러므로 엔진룸만 잘 방음해 주면 기계 소음이 들어오는 것을 막을 수 있어서 조용한 실내 공간을 만들 수 있다. 또, 뒤쪽에는 기계장치가 없기 때문에 뒷좌석 밑에 연료탱크를 배치하고, 트렁크 밑에 스페어 타이어를 깔아서 트렁크를 넓게 사용할 수 있다. 후륜구동 차의 경우에는 뒷좌석 밑에 차동 장치가 들어가야 하므로 연료탱크가 트렁크 바닥에 깔리고, 스페어 타이어는 트렁크 옆에 자리잡게 된다. 후륜구동 차는 변속기가 운전자 옆에 있지 않으므로 운전자와 옆좌석 승객 사이가 낮아서 거기에 편의 설비를 장착할 여유가 생기고, 운전자와 옆좌석 승객의 발 놓는 부분도 넓게 만들 수 있다.

전륜구동 차는 기계장치가 통합되어 있으므로 다른 생산라인에서 거의 다 조립한 뒤 주 생산라인에서는 엔진＋변속기 뭉치를 차체에 싣기만 하면 된다. 이렇게 주 생산라인에서의 작업을 줄일 수 있으면 생산성이 향상된다. 후륜구동 차는 주 생산라인에서 차체에 엔진＋변속기 뭉치뿐 아니라 구동 샤프트와 차동 장치도 장착해야 하므로 전륜구동 차를 생산할 때보다 작업 시간이 오래 걸린다. 전

전륜구동 차는 기계장치가 엔진룸에 집중되므로, 엔진룸만 잘 방음해 주면 실내로 기계 소음이 들어오는 것을 막을 수 있어서 조용한 실내 공간을 만들 수 있다.

륜구동 차를 조립할 경우처럼 생산성이 향상된다는 것은 그만큼 원가를 내릴 수 있다는 뜻이다.

후륜구동 차는 변속기가 앞바퀴보다 뒤로 배치되고, 차동 장치도 뒤에 장착되는 등, 기계장치의 무게가 전반적으로 뒤로 분배된다. 그에 따라 앞뒤 바퀴의 무게 배분이 6:4~5:5 정도로 개선되고, 특히 코너링 때에 앞타이어만 혹사당하는 일이 없어 최대 코너링 성능이 향상된다. 전륜구동 차에서는 제동시 앞쪽으로 무게가 집중되는 바람에 앞타이어만 혹사당하는 것과 달리, 후륜구동 차는 타이어 네 개의 능력을 고르게 사용하며 제동 거리를 줄일 수 있다.

후륜구동 차는 앞바퀴에 구동력이 걸리지 않으므로, 앞바퀴와 연결된 스티어링 휠에는 오직 코너링에 의한 타이어의 반력만 느껴져서, 전륜구동 차보다 스티어링 휠 감각이 좀더 정밀하게 느껴진다. 게다가 코너링 때에 일부러 뒷바퀴가 헛돌 정도로 강한 파워를 걸어 주면 뒷바퀴만 헛돌면서 커브 바깥쪽으로 미끄러져 나가는 '파워 드리프트(power drift)' 기술도 사용할 수 있다. 전륜구동 차에서는 앞바퀴를 헛돌게 하며 미끄러지도록 해 봐야 커브 회전반경만 커지지만, 후륜구동 차에서는 뒷바퀴가 미끄러지며 회전 반경이 작아진다.

후륜구동 차의 두드러진 장점은 대형 엔진을 장착할 수 있다는 것이다. 엔진 후드 길이만 넉넉하게 잡으면 V12엔진도 사용할 수 있다. 반면 대부분의 전륜구동 차들은 횡치형橫置型 엔진 배치를 한다. 엔진을 차체 옆방향으로 놓는 것이다. 이 경우 엔진 길이는 차체 폭에 따라 제한된다. 중형차의 경우 V6엔진이 한도이고, 대형차라고 해도 V8엔진이 간신히 들어가는 정도다. 전륜구동 차 중에도 후륜구동 차 스타일의 종치형縱置型 엔진 배치를 한 차가 있는데, 국내 시판 차로는 아카디아가 유일하다. 아카디아는 전륜구동이면서 후륜구동 차와 비슷하게 앞뒤 무게 배분

후륜구동 차는 앞바퀴에 구동력이 걸리지 않으므로, 앞바퀴와 연결된 스티어링 휠에는 오직 코너링에 의한 타이어의 반력만 느껴져서, 전륜구동 차보다 스티어링 휠 감각이 좀더 정밀하게 느껴진다.

을 할 수 있지만, 그 대신 구조가 복잡해진다.

전륜구동 차와 후륜구동 차를 비교한 결과를 간단히 설명하면, 전륜구동 차는 실용성이 앞서고 후륜구동 차는 고성능을 얻을 수 있다는 것이다.

4륜구동은 험지 돌파 또는 악천후 돌파를 위해 사용한다. 바퀴 네 개에 모두 구동력을 걸면, 바퀴 두 개에 구동력을 걸 때보다 각 바퀴가 절반의 구동력만 소화하면 된다. 따라서 미끄러질 위험이 적다.

4륜구동의 단점은 높은 가격뿐만이 아니다. 기계장치가 증가하므로 무게도 늘어나고, 각 기계장치가 소모하는 마찰 손실도 늘어나서, 순발력과 연비가 모두 악화된다. 그래서 레저용 차량이라도 4륜구동이 아니라 2륜구동만 되도록 만든 차도 있다. 지프 체로키와 도요타 RAV4, 기아 스포티지(수출형), 뉴코란도, 싼타페는 2륜구동 차가 마련되어 있다.